※本书中编织图上未注明单位的数字均以厘米（cm）为单位

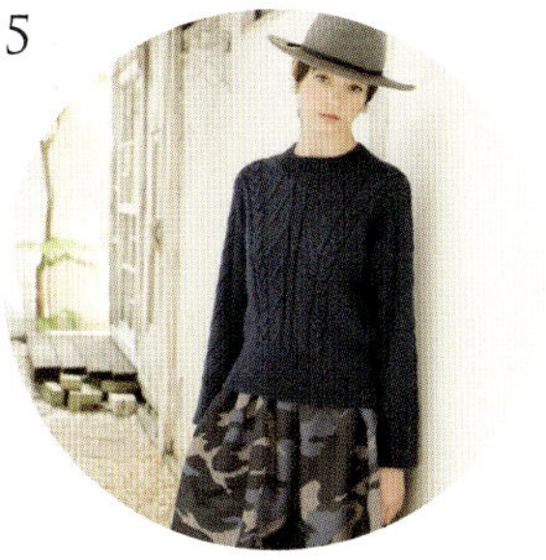

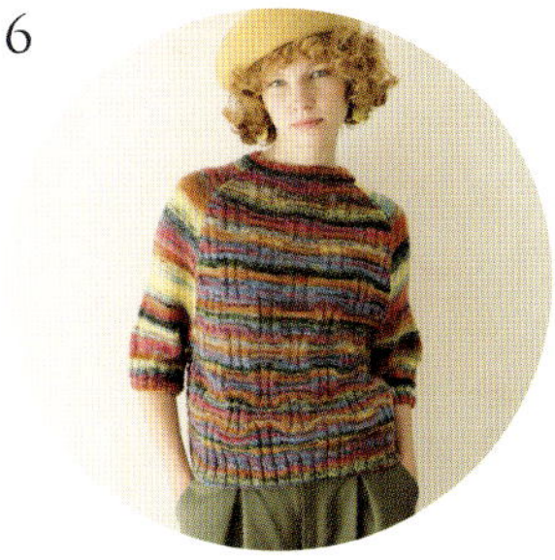

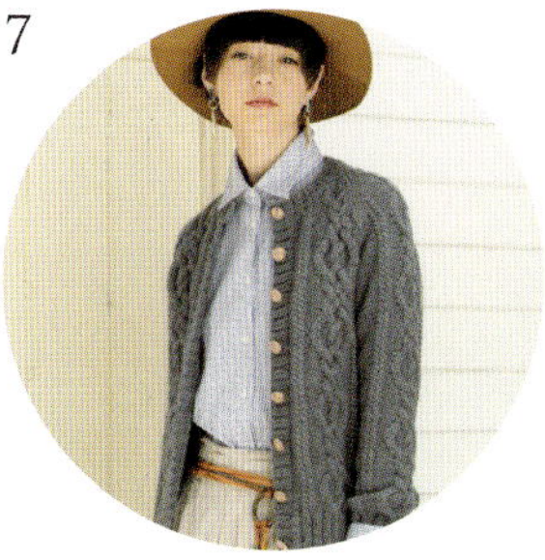

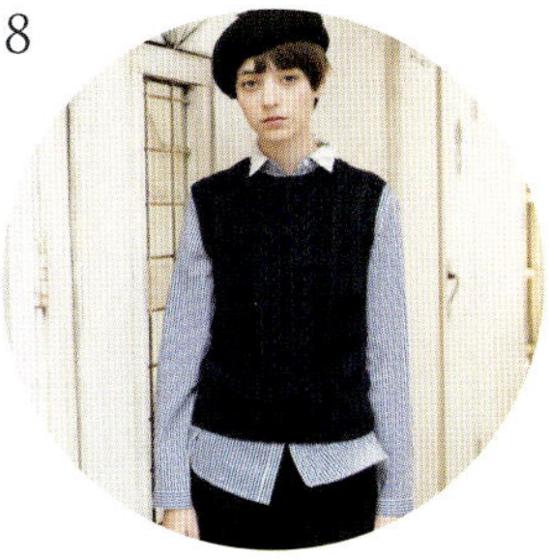

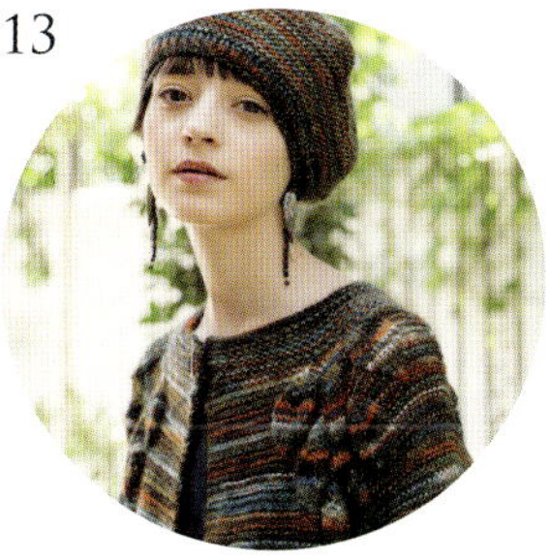

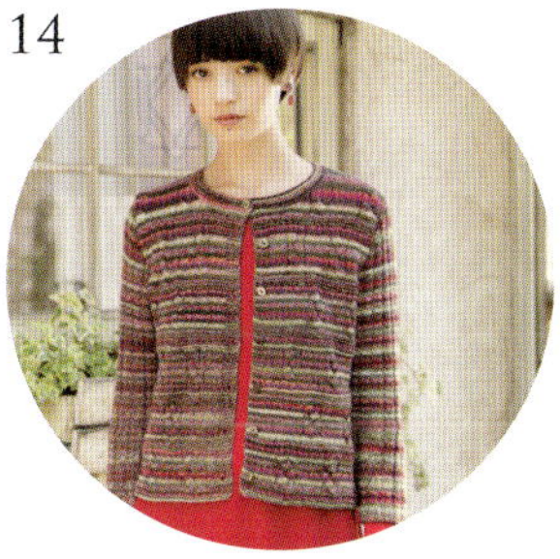

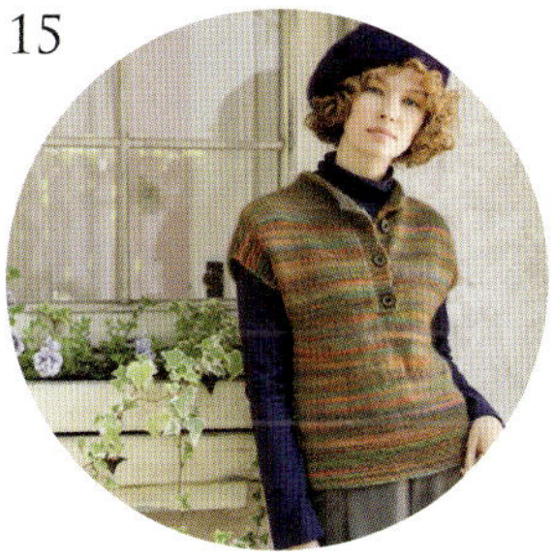

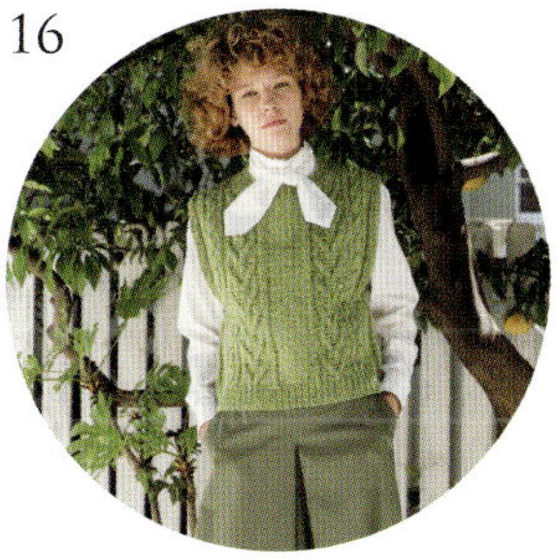

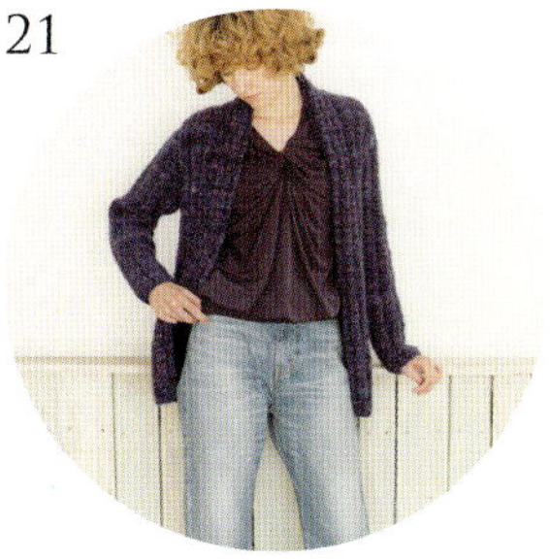

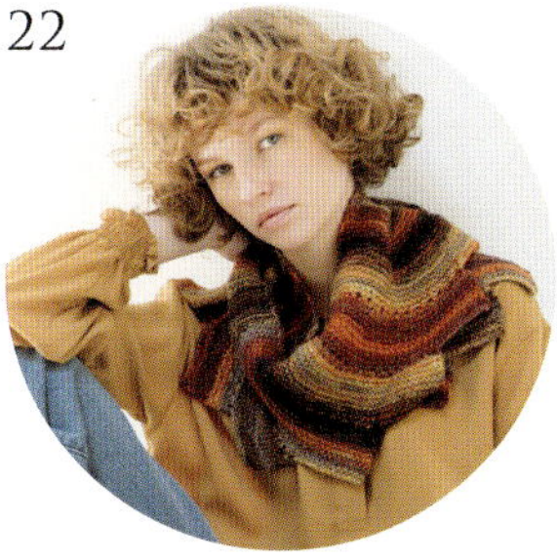

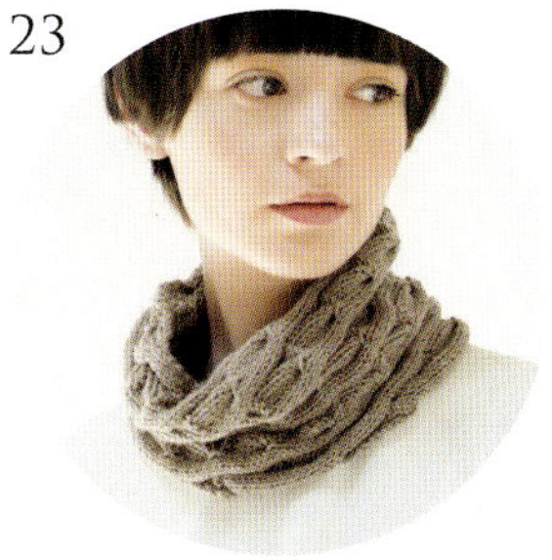

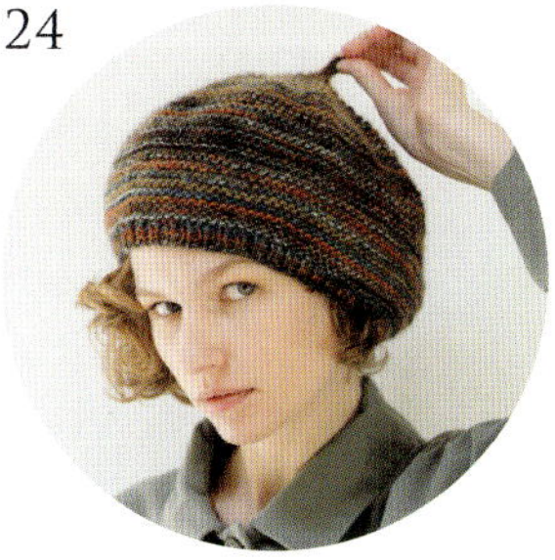

European
1
hand-knitting

使用两种暖色调的颜色编织，可随机改变线条宽窄的锯齿花样极具存在感。这是一件宽松舒适的一字领毛衣。

使用线：Rotante
编织方法：50页

European
2
hand-knitting

多色混合线中若隐若现的金银丝线的光泽十分美丽。这款圆育克的钩针毛衣，袖口处呈喇叭状，快来体验一下吧！

使用线：Pinacoteca
编织方法：53页

European

3

hand-knitting

浅V领和七分袖的设计穿起来十分方便，这是一款非常清新的浅蓝色毛衣。斜针和镂空花样织成的扇形下摆，更加突出了女性优美的线条。

使用线：Princess Anny
编织方法：43页

European
4
hand-knitting

看起来很像是刺绣的配色花样，与颇具人气的圆育克组合在一起，编织出了这款套头衫。边缘配以蕾丝花样，呈现出成熟甜美的复古风。

使用线：Queen Anny
编织方法：58页

European

5

hand-knitting

麻花花样斜向延伸，组成了V形花样，给人清爽的感觉。不挑人的深藏青色，随便一穿就很时尚，真是不可思议！

使用线：Boboli

编织方法：61页

European
6
hand-knitting

这款套头衫设计了很长的插肩袖窿，有点蝙蝠袖的感觉。前、后身片形状相同。使用颜色大胆的段染花式毛线，编织出简单的织片，效果也是极佳。

使用线：Mille Colori 200G
编织方法：51页

European
7
hand-knitting

这款插肩袖的阿兰花样开衫，是舒适的基础款。在上针的基础上，设计了复杂的缠绕在一起的麻花花样，令人忍不住想要编织。

使用线：British Eroika
编织方法：66页

European

8

hand-knitting

这款圆领背心在身片上排列了大小不等的麻花花样，很有中性风。无论是搭配短裙还是裤装都合适，非常百搭。

使用线：Queen Anny
编织方法：56页

European
9
hand-knitting

这件带有大型麻花花样的马甲，小小的衣领是设计要点。混合颜色的段染毛线不仅有助于彰显独特的个性，还能成为整体搭配中的亮点。

使用线：Mille Colori 200G
编织方法：70页

European
10
hand-knitting

这款色调沉稳的长款马甲，在侧边下摆处设计了开衩，更便于活动。美利奴羊毛毛线独有的美感与光泽以及柔软的触感，都是其魅力所在。

使用线：Alba
编织方法：74页

European

11

hand-knitting

这是一款使用蓬松的小羊驼毛花式毛线编织的落肩袖毛衣。宽松的外形和蓬松的高领让人感觉很温暖。

使用线：Alpaca Mollis
编织方法：73页

European
12
hand-knitting

镂空花样、麻花花样及漂亮的基础花样逐一呈现，组成了这款编织起来也非常有趣的毛衣，穿上身十分柔软。再使用极具高级感的线材，魅力无穷。

使用线：Alba
编织方法：89页

European
13
hand-knitting

这是一款从领口开始编织的插肩袖开衫。在身片与袖的交界处，添加了叶子的花样。为了充分利用剩余线材，还编织了配套贝雷帽。

使用线：Mille Colori 200G
编织方法：78页

European
14
hand-knitting

这款开衫使用的段染线是颇具魅力的时尚配色，花样中间夹着起伏针，令整体效果更佳。衣袖是条纹花样，修身的线条给人清爽的感觉。

使用线：Lecce
编织方法：80页

European
15
hand-knitting

这款下针编织的背心，充分展现了卡其色系段染线的特色。类似 **POLO** 衫的款式十分舒适，小立领也很时尚。

使用线 / Maurice
编织方法：76页

European
16
hand-knitting

使用苏格兰花呢线编织的这件中性风背心，后身片的下摆较长，是当今流行的款式。开得很大的袖窿，与有设计感的衬衫搭配相得益彰。

使用线：Soft Douegal
编织方法：82页

European

17

hand-knitting

这款优雅的开衫使用多色粗纱毛线编织。前身片的正方形花片，是通过重复起针与减针做成带状，再与身片连接在一起的。

使用线：Multico
编织方法：46页

European

18

hand-knitting

这款麻花花样配蕾丝花样的开衫，呈现出优雅的感觉。奢华的玫红色明艳动人，能让穿着的人看起来更加漂亮。

使用线：British Fine
编织方法：84页

European
19
hand-knitting

这件基础款的开衫，穿起来十分方便。使用两种多色混合的段染线编织，展现出富有韵味、温柔的渐变效果。

使用线：Lecce
编织方法：92页

European
20
hand-knitting

想要体验有高级感的成熟装扮，就选这款深绿色的开衫吧。从身片到衣领的连续花样，是由两种交叉规律不同的麻花花样构成的。

使用线：Alba
编织方法：86页

European
21
hand-knitting

这件宽条纹的长款开衫，使用了带有棉结的混合色花式毛线和马海毛毛线一起编织。穿起来十分轻柔、舒适，休闲的打扮令人放松。

使用线：Grani、Kid Mohair Fine
编织方法：42页

European
22
hand-knitting

这条围巾使用伏针收针和加针的技巧编织，锯齿状的边缘看起来活泼、生动。鲜艳的混合配色围巾，能令日常的装扮更有韵味。

使用线：Mille Colori 200G
编织方法：34页

b

与32页的围巾同款不同色。如装饰一般轻轻地披上，为简单的搭配增加亮点。

22 | 32、33页

●**材料** Mille Colori 200G（中粗）a/橙色系混合的段染（11）、b/紫色系混合的段染（45）各200g/各1团

●**工具** 棒针8号

●**成品尺寸** 宽27cm，长130cm

●**编织密度** 10cm×10cm面积内：编织花样16针，30行

●**编织要点** 手指起针，起32针。第1行，编织7针下针，接下来重复编织12次“右上2针并1针、2针挂针”，再编织1针下针。增加了12针，变为44针。编织19行起伏针，其中，在第2行遇到前一行的挂针时，编织“下针、上针”。在第20行，12针做伏针收针，编织32针，返回。重复20行1个花样，共编织399行。编织终点的针目做伏针收针。

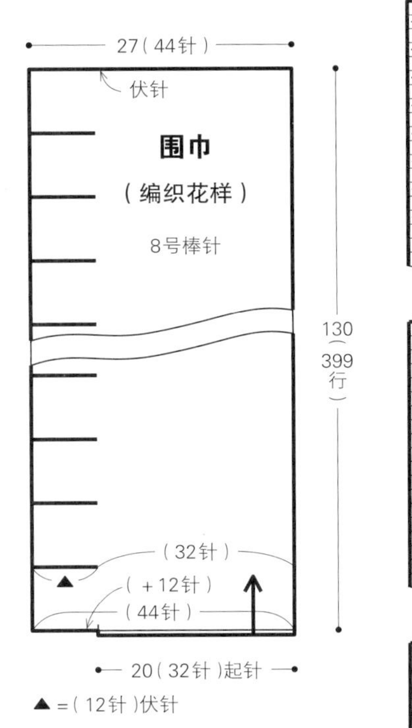

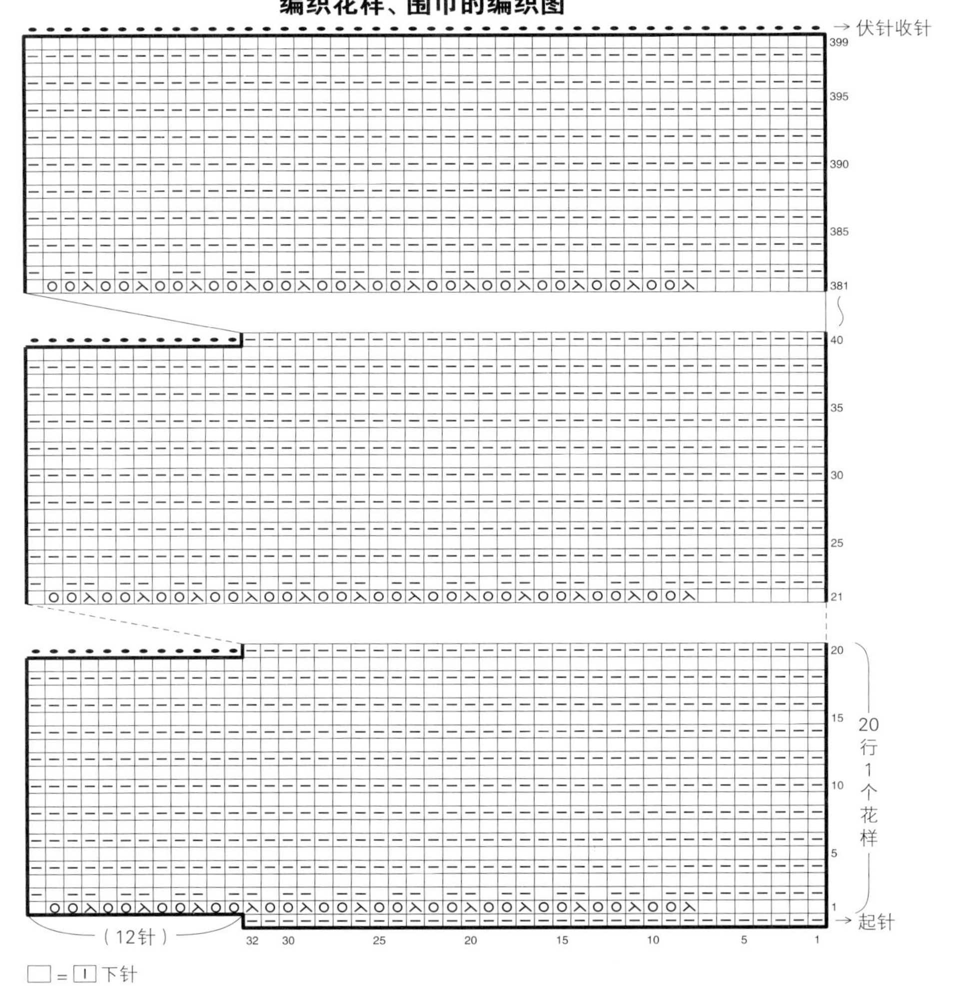

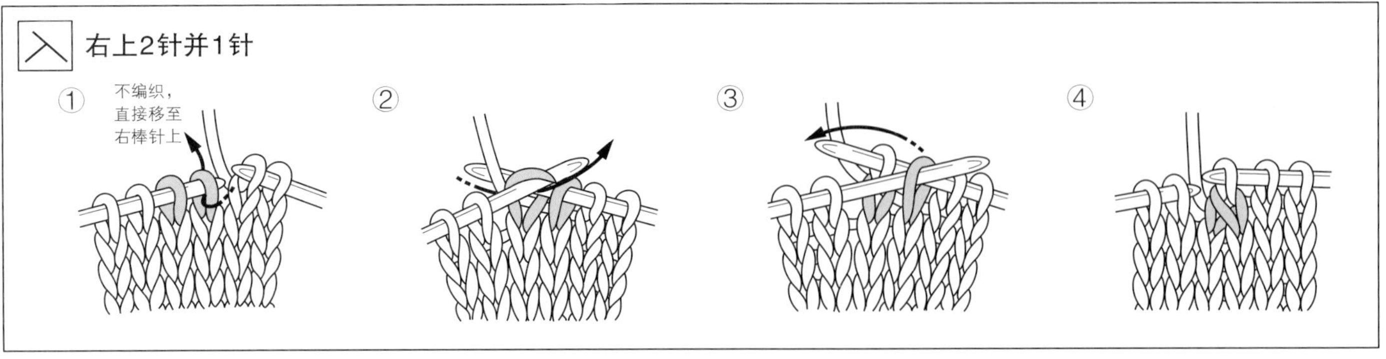

23 | 36页

●**材料** Alba（粗）a/驼色（1087）、b/橙色（1265）各70g/各2团

●**工具** 棒针6号

●**成品尺寸** 宽20cm，长50cm

●**编织密度** 10cm×10cm面积内：编织花样33针，30行

●**编织要点** 手指起针，起66针。按编织花样编织，重复30行1个花样，共等针直编150行，编织终点的针目休针备用。对齐编织起点与编织终点，使用毛线缝针做下针编织无缝缝合，连接成筒状。

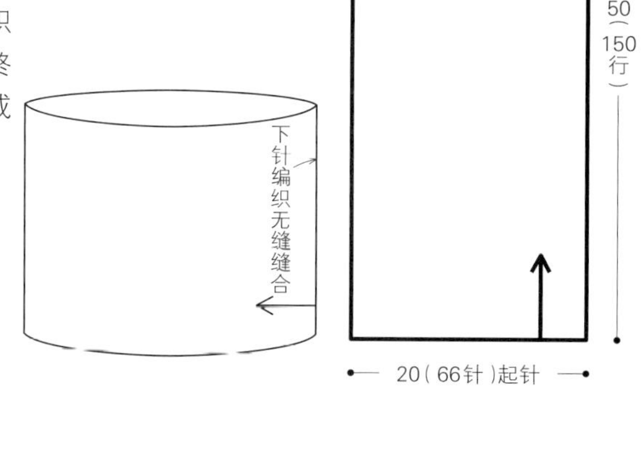

下针编织无缝缝合（一侧为伏针的情况）

①

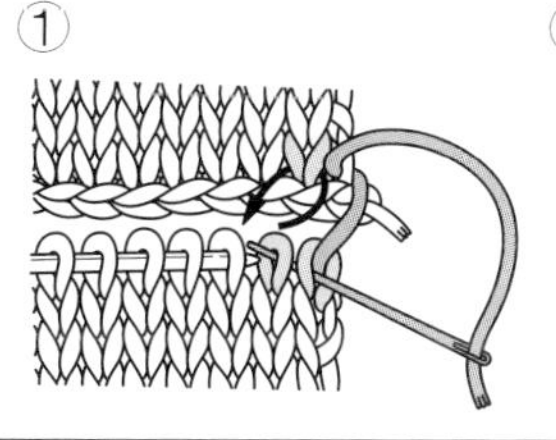

②

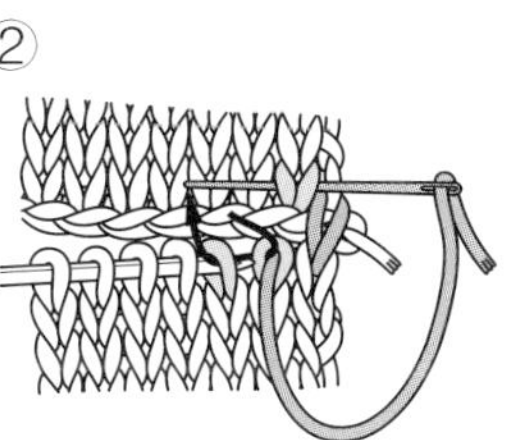

③

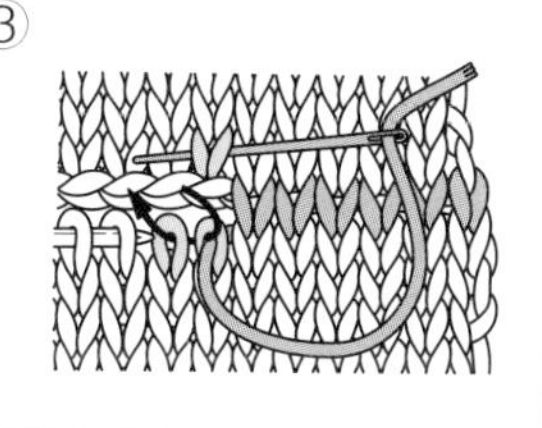

编织花样、围脖的编织图

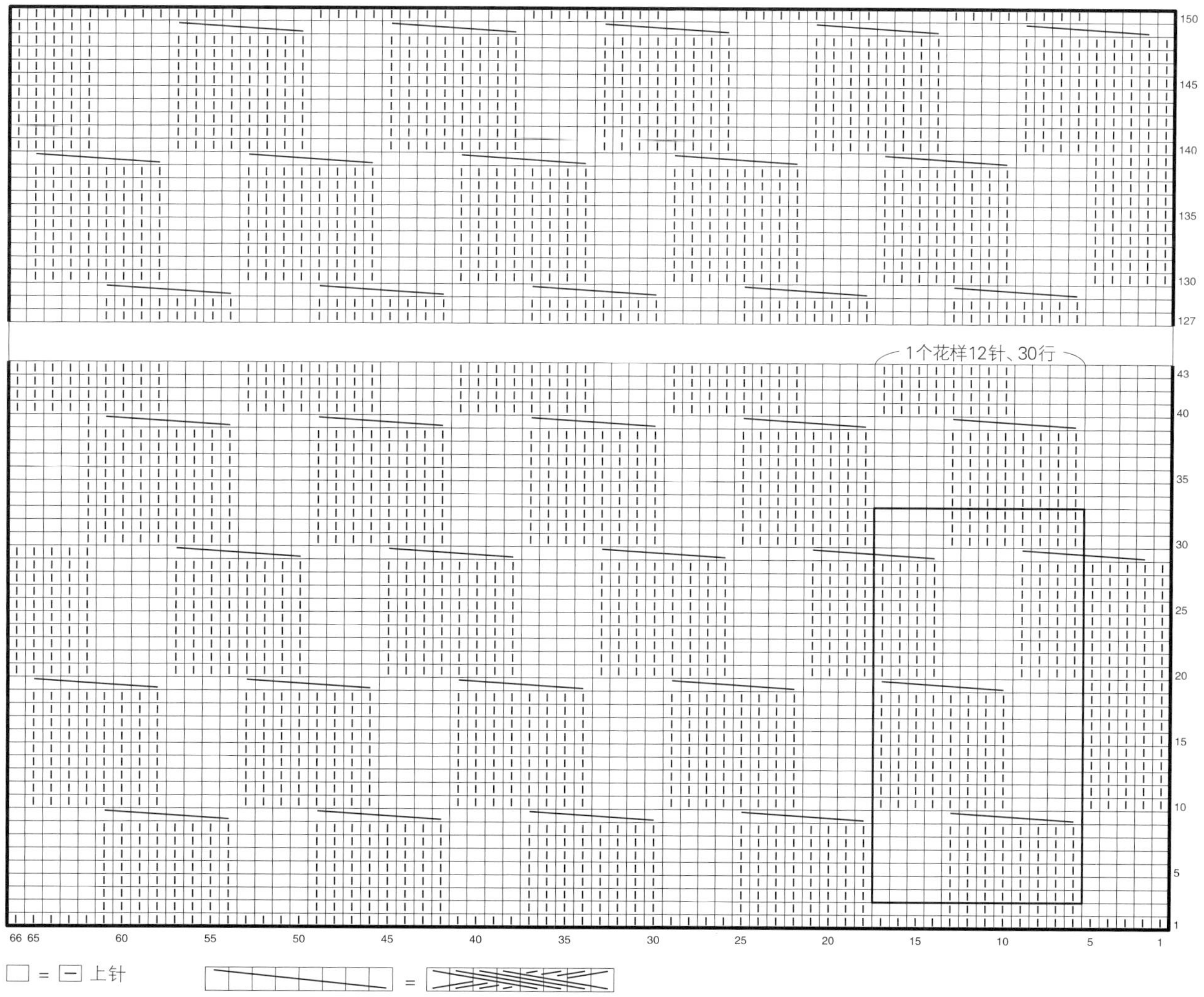

1个花样12针、30行

□ = ⊟ 上针

European

23

hand-knitting

装饰在大衣、外套的衣领处，看起来毫无违和感，这是一款带有变化的麻花花样的围脖。直接接触皮肤的东西，一定要选择触感柔软的优质线材编织。

使用线 / Alba

编织方法：35页

a

b

European
24
hand-knitting

配色神秘的贝雷帽，可与18页的开衫配套穿搭。从帽口到帽顶，都做环形编织的起伏针。冬季外出时，它的出场率最高了。

使用线：Mille Colori 200G
编织方法：38页

24 | 37页

●**材料** Mille Colori 200G（中粗）蓝色、绿色、褐色多色混合的段染（88）75g/1团

●**工具** 棒针8号、6号

●**成品尺寸** 头围60cm，帽深23.5cm

●**编织密度** 10cm×10cm面积内：起伏针16针，30行

●**编织要点** 另线锁针起针，从帽口到帽顶环形编织起伏针。参照图示分散加、减针编织。将线穿入最后一行的6针中，收紧。帽口的单罗纹针要拆开起针的锁针挑取针目做环形编织。编织终点做单罗纹针收针。

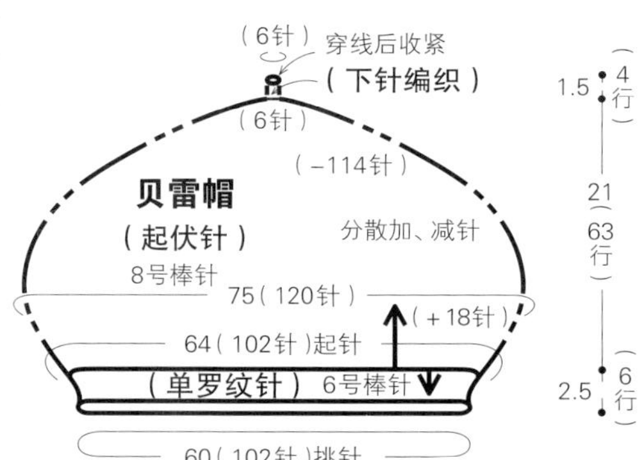

分散加、减针和贝雷帽的编织图

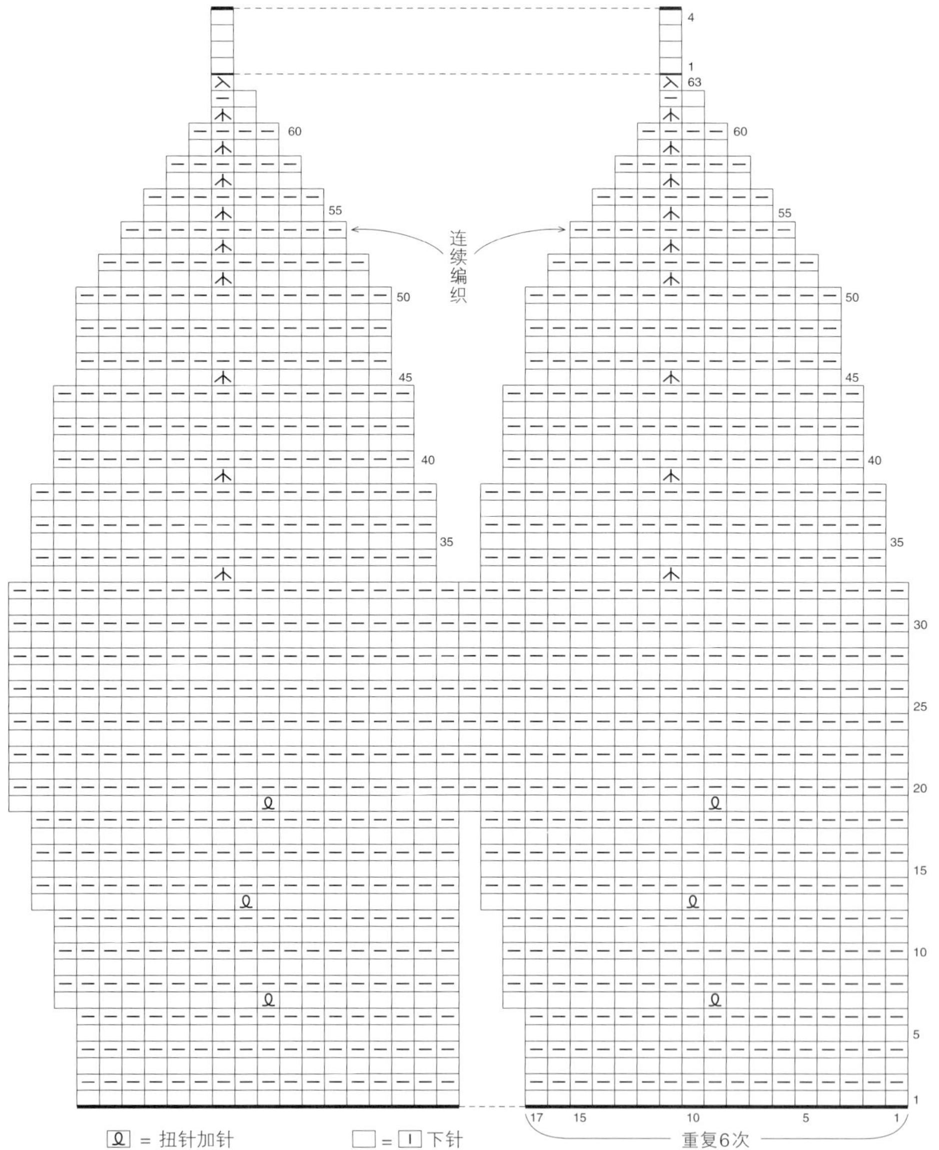

Ⓠ = 扭针加针　　□ = ⎕ 下针

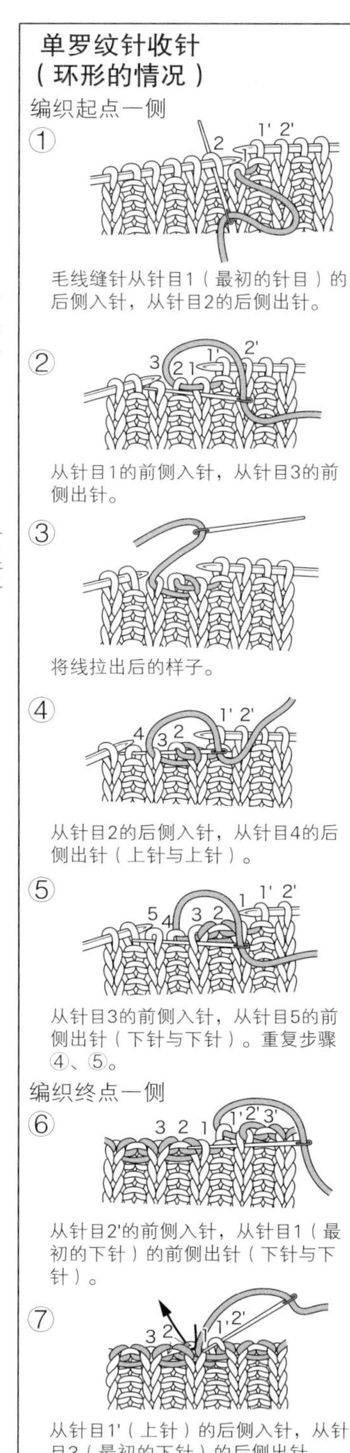

25 | 40页

●**材料** British Eroika（极粗）深棕色（208）90g/2团，Primitivo（中粗）褐色（103）25g/1团

●**工具** 棒针15号

●**成品尺寸** 宽10cm，长167cm

●**编织密度** 10cm×10cm面积内：双罗纹针22针，16行

●**编织要点** 使用a线手指起针，起22针。编织双罗纹针，等针直编212行。换为b线，同样起22针，做下针编织，将1团线织完，休针备用。将编织起点与编织终点处正面相对对齐，使用钩针及a线做引拔接合，连接成环形。

休针

围脖

（下针编织）

b线

※将1团线织完

约35（约40行）

20（22针）

（双罗纹针）

a线

132（212行）

10（22针）起针

※全部使用15号棒针编织

a线＝British Eroika（深棕色）

b线＝Primitivo（褐色）

双罗纹针

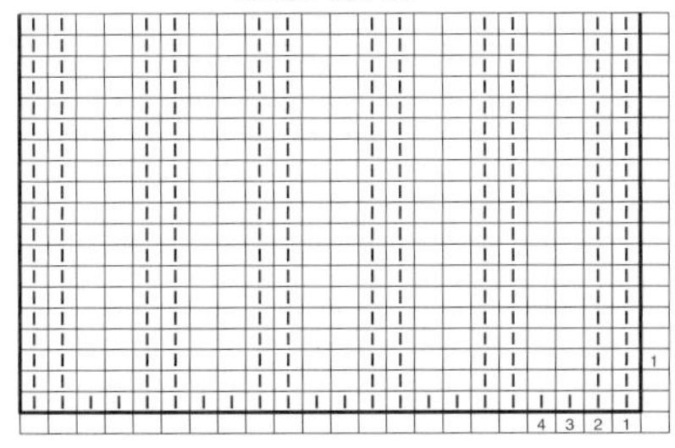

□＝⊟上针

26 | 41页

●**材料** Primitivo（中粗）黑灰色（105）50g/2团

●**工具** 棒针9号

●**成品尺寸** 头围48cm，帽深22cm

●**编织密度** 10cm×10cm面积内：下针编织10针，19行

●**编织要点** 手指起针，起22针。做下针编织，等针直编90行。编织终点做伏针收针。在编织起点与编织终点处，使用毛线缝针做卷针缝缝合，连接成筒状。将线穿入一侧边上的针目中，收紧。

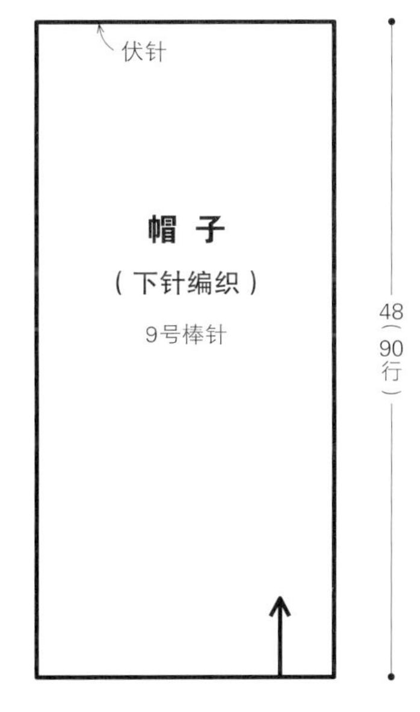

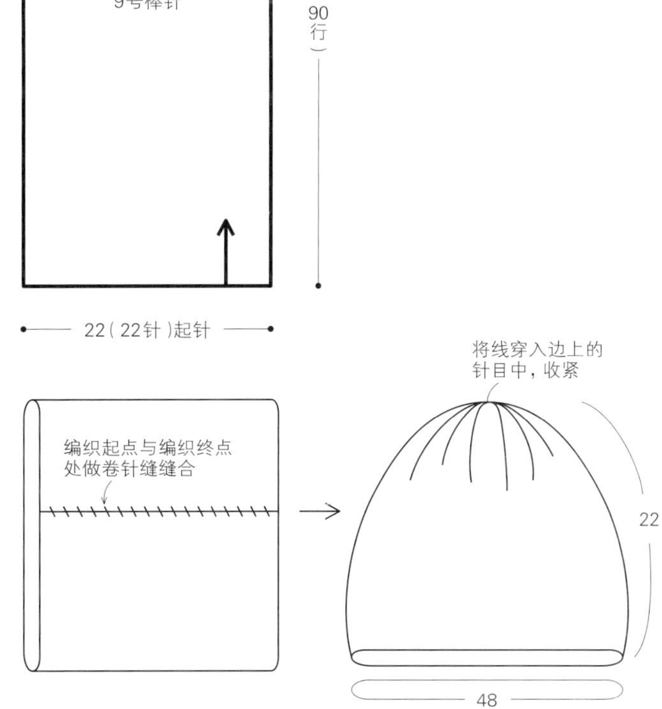

European
25
hand-knitting

用仿皮草毛线做下针编织，平直毛线做双罗纹针编织，令织片的宽窄产生变化。做等针直编后再连接成环形，就编织出了这款针法非常简单的围脖。

使用线：British Eroika、Primitivo
编织方法：39页

European

26

hand-knitting

这是一款又轻又暖、蓬松的编织帽。只需要等针直编就能完成，既简单又可以很快织完，令其很受欢迎。

使用线：Primitivo

编织方法：39页

21 | 30页

●材料　Grani（中粗）紫色系深浅混合（404）480g/12团；Kid Mohair Fine（极细）藏青色（38）95g/4团

●工具　棒针9号

●成品尺寸　胸围90cm，肩宽32cm，衣长68cm，袖长51cm

●编织密度　10cm×10cm面积内：编织花样15针，23行

●编织要点　使用2根线并为1股编织。**后身片**　手指起针，按编织花样编织。袖窿处减针时，做伏针减针或立起侧边1针减针，肩部做引返编织，休针备用。领窝编织伏针。**前身片**　与后身片的编织方法相同。接在编织花样之后，继续编织衣领，休针备用。左右对称编织2片。**袖**　与身片使用同样的方法起针，按编织花样编织。袖下加针时，在2针内侧编织扭针加针。**组合**　肩部将前、后身片正面相对做盖针接合，衣领在后身片中心使用毛线缝针做下针编织无缝缝合。后领窝与衣领的对齐标记之间，使用毛线缝针做对齐针与行的缝合。胁、袖下使用毛线缝针做挑针缝合。使用钩针将衣袖引拔接合到身片上。

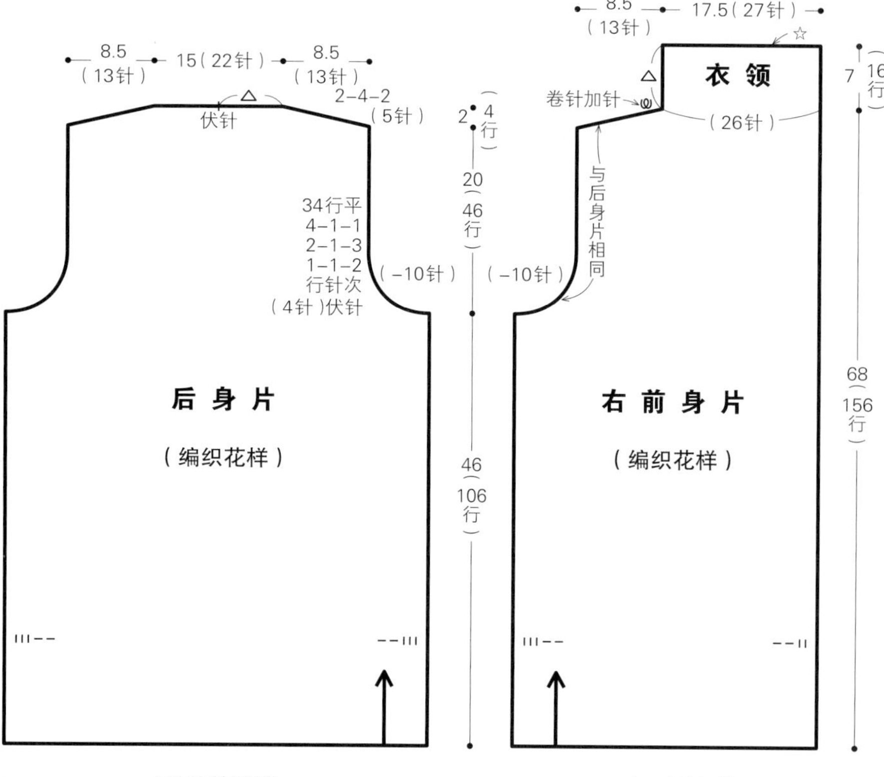

※全部使用9号棒针，使用Grani和Kid Mohair Fine各1根线，2根线并为1股编织

※对齐标记（△）之间做对齐针与行的缝合

※按照右前身片对称编织左前身片

※☆与左身片的衣领之间做下针编织无缝缝合

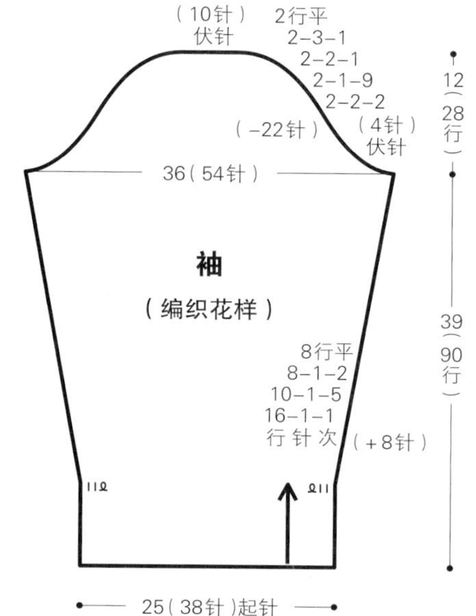

编织花样

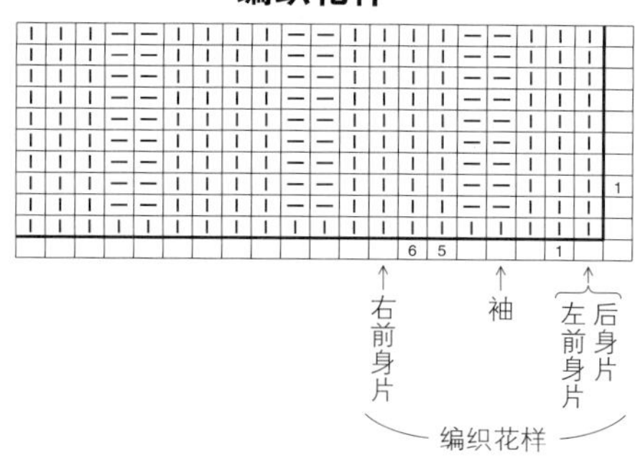

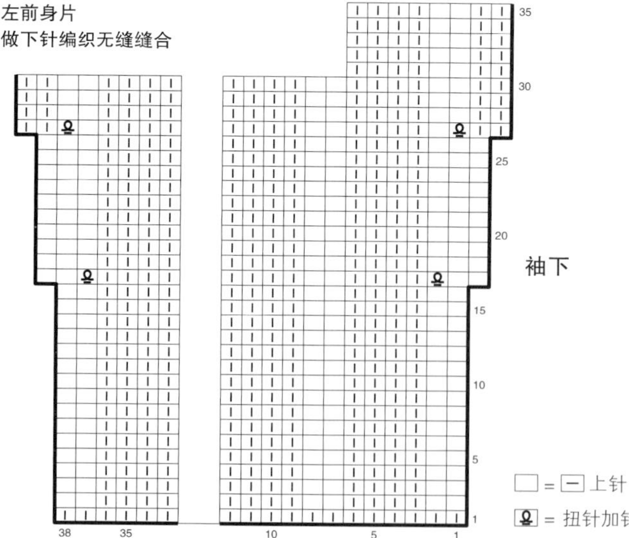

5页

●**材料** Princess Anny（粗）浅蓝色（534）300g/8团

●**工具** 棒针6号

●**成品尺寸** 胸围90cm，肩宽33cm，衣长56cm，袖长44.5cm

●**编织密度** 10cm×10cm面积内：下针编织和编织花样A、B均为22针，30行

●**编织要点** **后身片** 手指起针编织，从下摆开始，参照图示组合做编织花样A、起伏针、下针编织、起伏针、编织花样B的编织。袖窿、领窝处减针时，做伏针减针或立起侧边1针减针，肩部做引返编织，休针备用。**前身片** 与后身片的编织方法相同，领窝中心的1针休针，做立起侧边1针减针。**袖** 与身片使用同样的方法起针，袖下加针时，在1针内侧编织扭针加针。**组合** 肩部将前、后身片正面相对做盖针接合，肋、袖下使用毛线缝针做挑针缝合。衣领从前、后领窝上挑取针目，环形编织起伏针，做伏针收针。使用钩针将衣袖引拔接合到身片上。

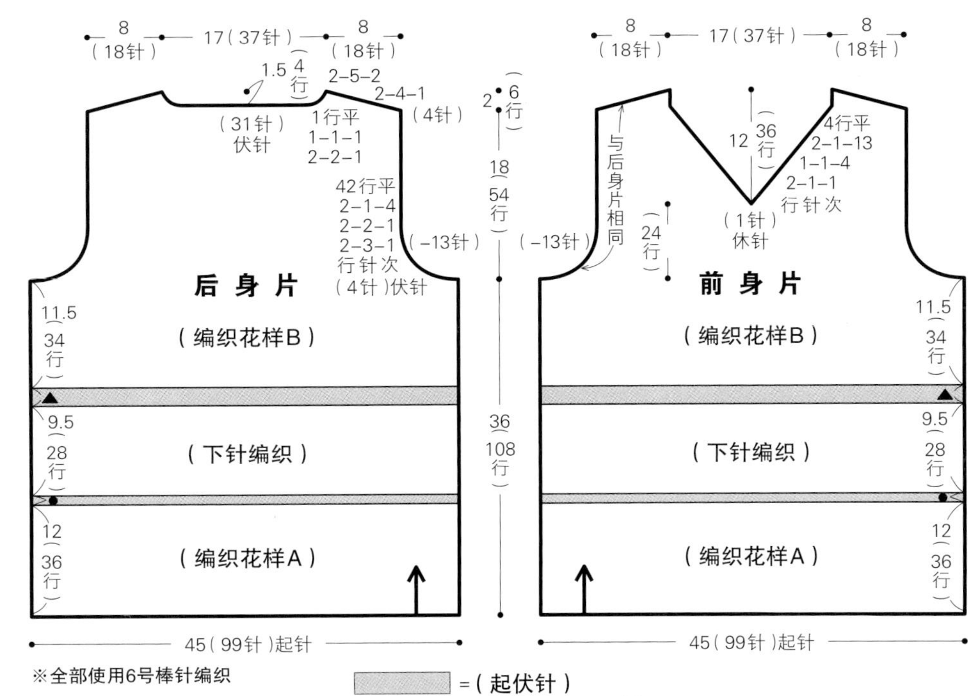

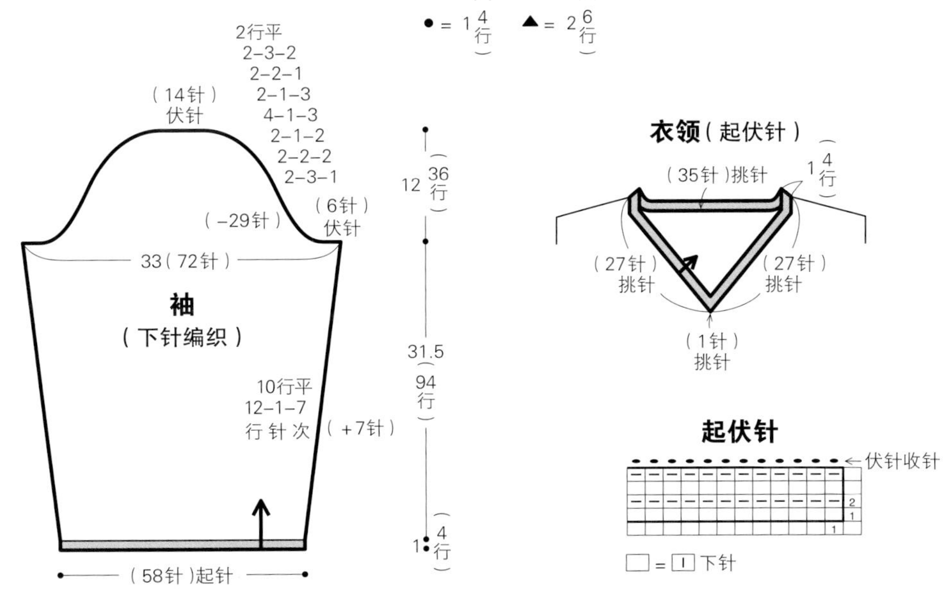

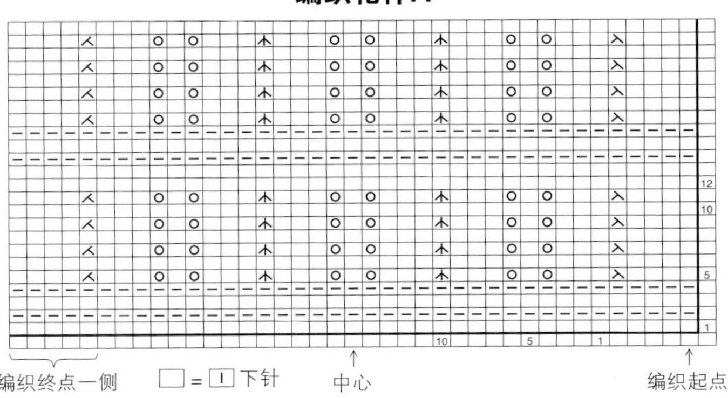

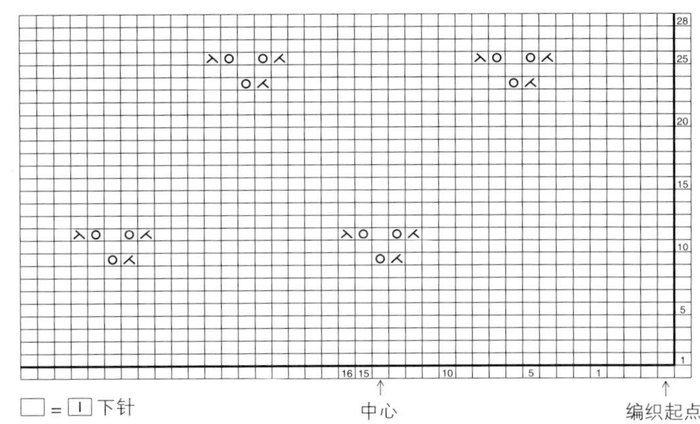

European
27
hand-knitting

将中央部分的起伏针分为三部分，编成三股辫后，即成为崭新设计的发带了。可多编织几款不同颜色的，方便与不同衣服搭配。

使用线：Queen Anny、Kid Mohair Fine
编织方法：45页

27 | 44页

●**材料**　Queen Anny（中粗）a/黑色（803）、b/原色（869）各40g/各1团；Kid Mohair Fine（极细）a/胭脂红色（20）、b/米色（8）各10g/各1团

●**工具**　棒针6号

●**成品尺寸**　宽10cm，长48cm

●**编织密度**　10cm×10cm面积内：起伏针18针，34行

●**编织要点**　使用1根Queen Anny线和1根Kid Mohair Fine线，2根线并为1股编织。另线锁针起针，起18针，编织58行起伏针。接下来的48行，每6针为1组，分为3组编织，参照图示将3组编成三股辫。接下来编织58行18针。拆开另线锁针，编织起点与编织终点处使用毛线缝针做起伏针缝合，连接在一起。

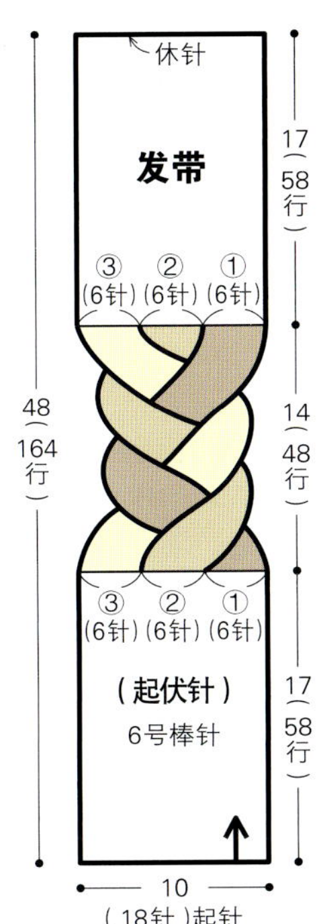

作品a=使用黑色线和胭脂红色线各1根，2根线并为1股编织
作品b=使用原色线和米色线各1根，2根线并为1股编织

发带的编织图

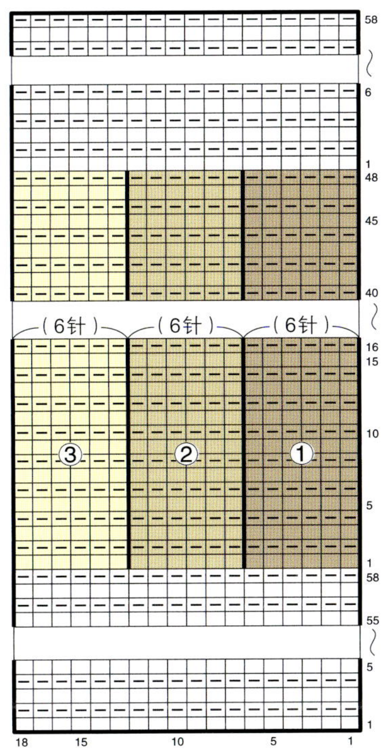

□、□、□、□＝□ 下针

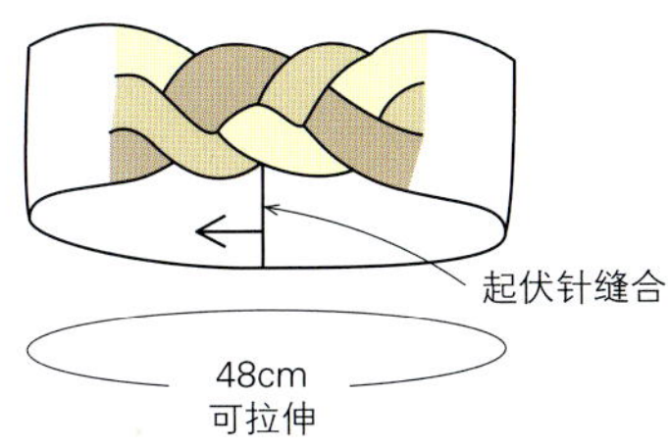

起伏针缝合（一侧为下针、一侧为上针的情况）

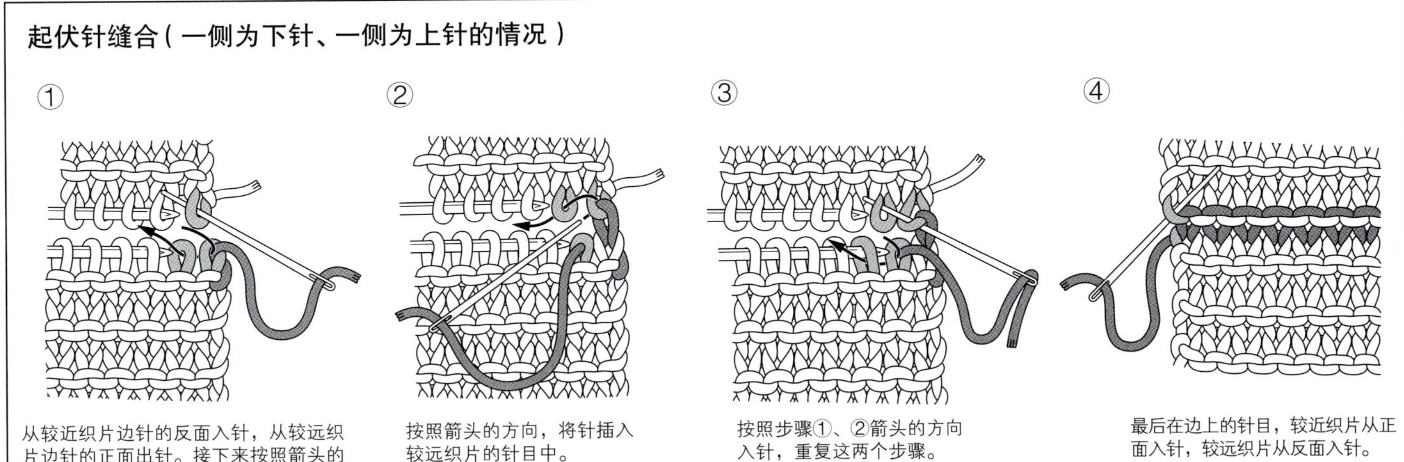

① 从较近织片边针的反面入针，从较远织片边针的正面出针。接下来按照箭头的方向，将针插入较近织片的针目中。

② 按照箭头的方向，将针插入较远织片的针目中。

③ 按照步骤①、②箭头的方向入针，重复这两个步骤。

④ 最后在边上的针目，较近织片从正面入针，较远织片从反面入针。

17 | 25页

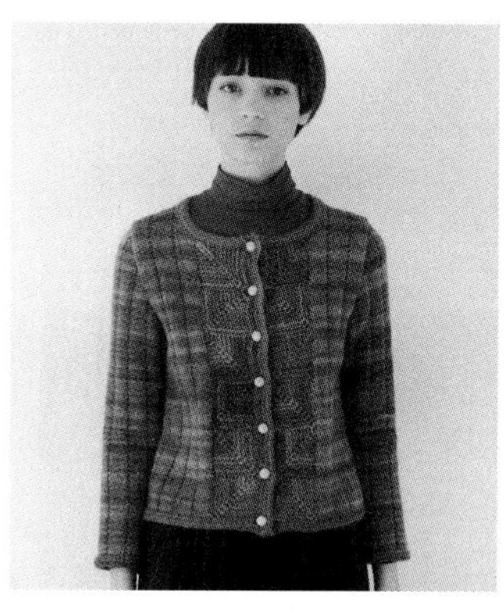

●**材料** Multico（中粗）红色系多色段染（581）400g/10团；直径1.5cm的纽扣7颗

●**工具** 棒针8号

●**成品尺寸** 胸围95.5cm，肩宽33cm，衣长53.5cm，袖长53cm

●**编织密度** 10cm×10cm面积内：编织花样18.5针，24行；1片花片边长约为7cm长（正方形）

●**编织要点** **后身片** 另线锁针起针，按编织花样编织。袖窿、领窝处减针时，做伏针减针或立起侧边1针减针，肩部做引返编织，休针备用。拆开下摆起针的另线锁针，挑取针目做上针编织，然后做伏针收针。**前身片** 与后身片使用同样的方法起针，参照图示编织。前门襟一侧的花片，参照图示连续编织6片。将花片与身片缝合在一起。编织下摆的上针编织，再做伏针收针。**袖** 与身片使用同样的方法起针，袖下加针时，在1针内侧编织扭针加针。**组合** 肩部做盖针接合，胁、袖下使用毛线缝针做挑针缝合。衣领从前、后领窝上挑取针目做上针编织，然后做伏针收针。前门襟编织起伏针，并在右前门襟的指定位置编织扣眼。使用钩针将衣袖引拔接合到身片上。在左前门襟钉上纽扣后即完成。

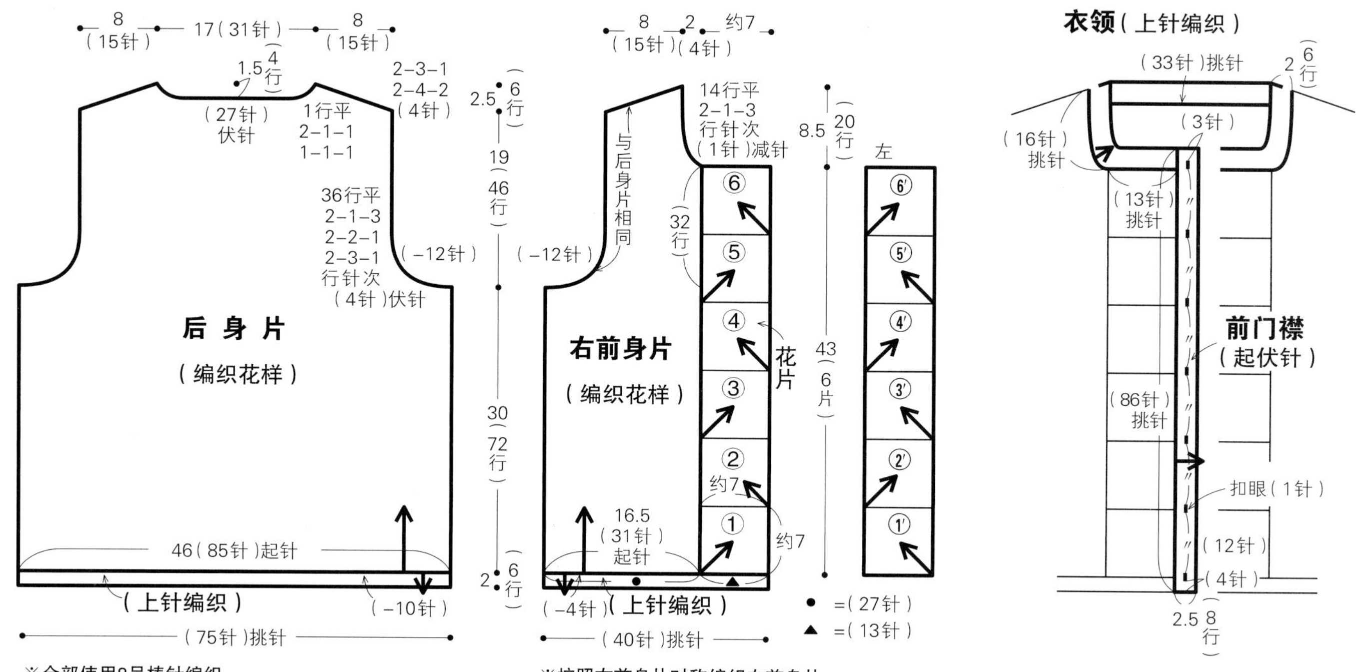

※全部使用8号棒针编织

※按照右前身片对称编织左前身片

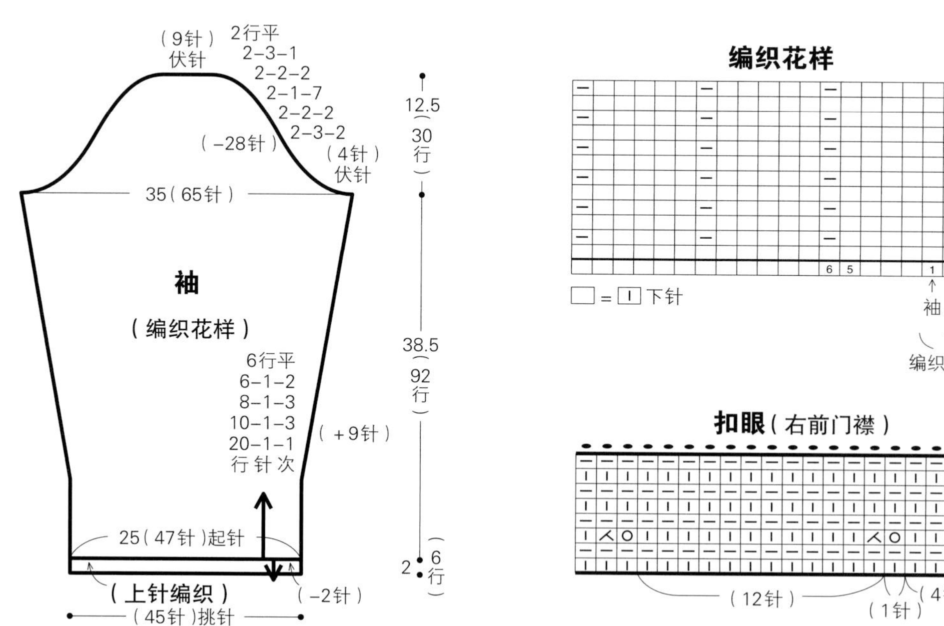

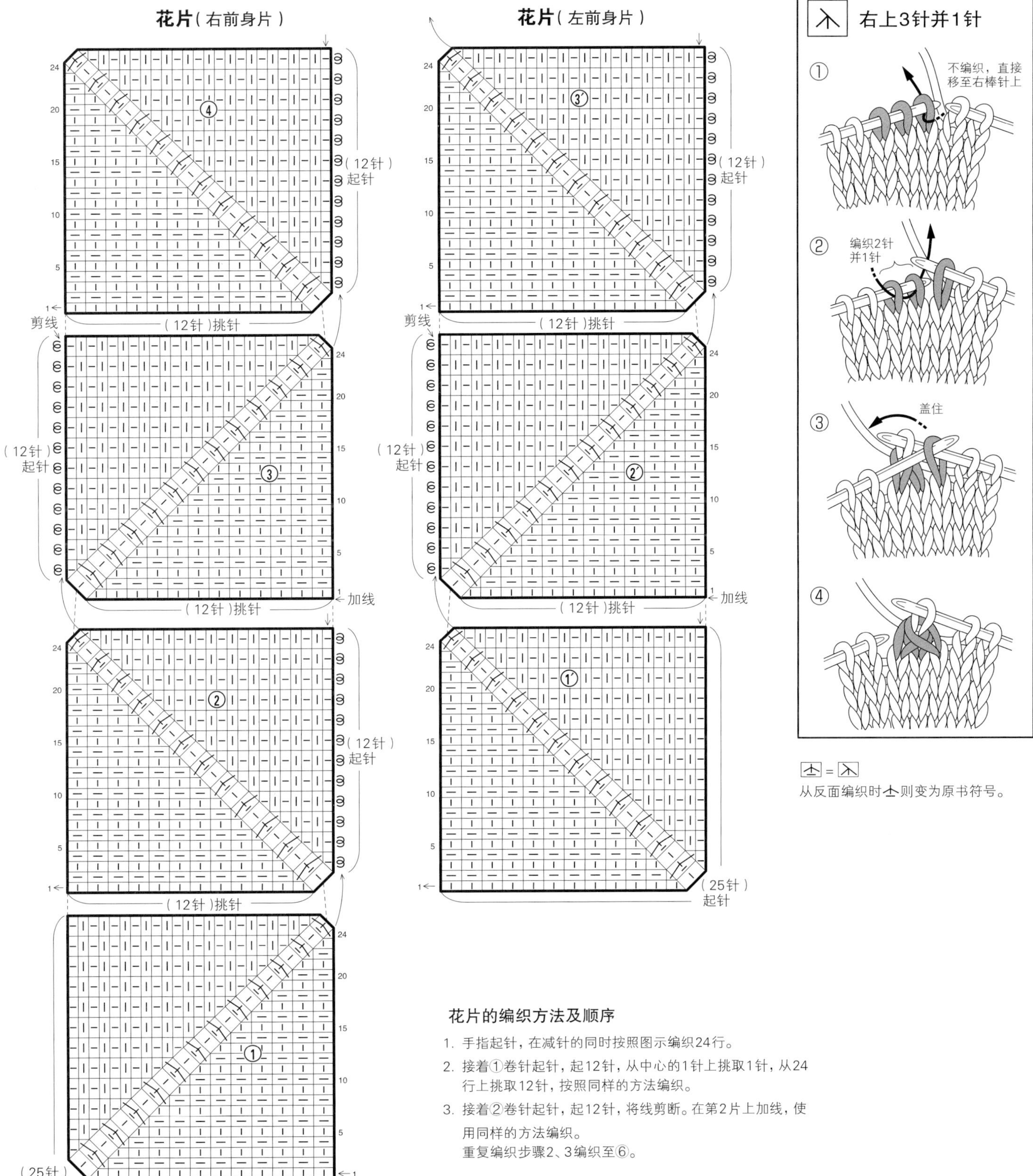

从反面编织时 则变为原书符号。

花片的编织方法及顺序

1. 手指起针，在减针的同时按照图示编织24行。
2. 接着①卷针起针，起12针，从中心的1针上挑取1针，从24行上挑取12针，按照同样的方法编织。
3. 接着②卷针起针，起12针，将线剪断。在第2片上加线，使用同样的方法编织。
   重复编织步骤2、3编织至⑥。

本书使用线一览

照片为实物大小

作品编织方法

1 | 3页

●**材料** Rotante（粗）红色系混合（4）160g/4团，橙色、绿色系混合（2）60g/2团

●**工具** 棒针7号

●**成品尺寸** 胸围90cm，衣长50.5cm，连肩袖长70.5cm

●**编织密度** 10cm×10cm面积内：下针编织18针，24行；编织花样22针，20行

●**编织要点** **条纹花样** 编织时将配色线从边上向上拿，重复编织36行为1组。**前、后身片** 手指起针，接着编织下摆起伏针的2行，等针直编条纹花样至肩处，注意在缝合衣袖止位的第58行做上记号。领窝处减针时，做伏针减针或立起侧边1针减针，肩部做引返编织，休针备用。**袖** 与身片使用同样的方法起针，袖下加针时，在1针内侧编织扭针加针，袖山减针时，做伏针减针。**组合** 肩部将前、后身片正面相对，使用钩针做引拔接合。胁、袖下使用毛线缝针做挑针缝合。衣领从前、后领窝上挑取针目，环形编织起伏针。编织终点做上针的伏针收针。使用钩针将衣袖引拔接合到身片上。

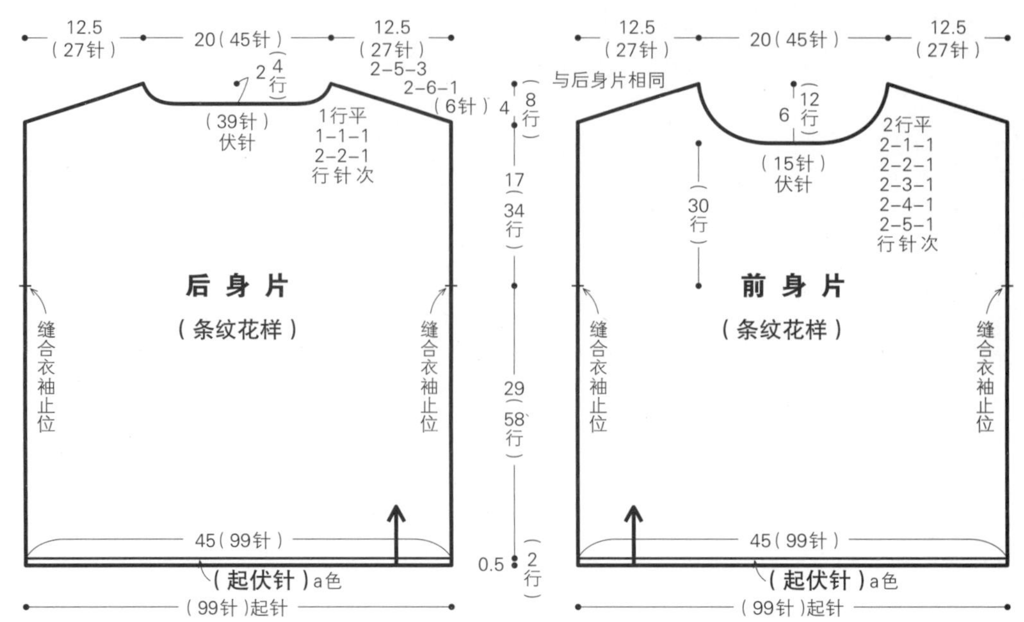

※全部使用7号棒针编织

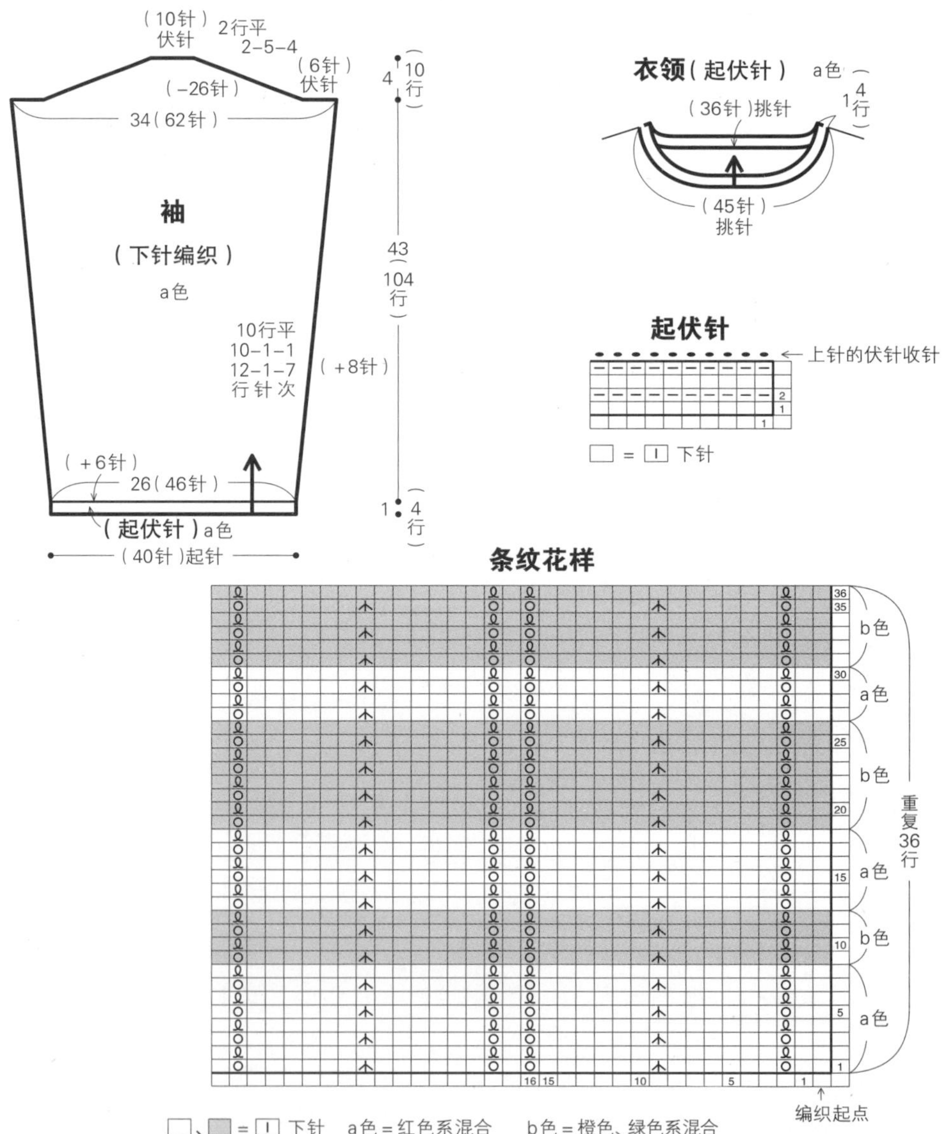

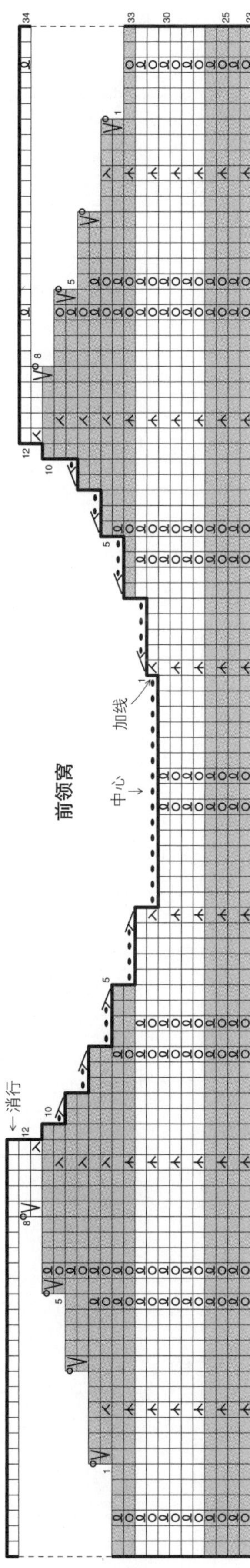

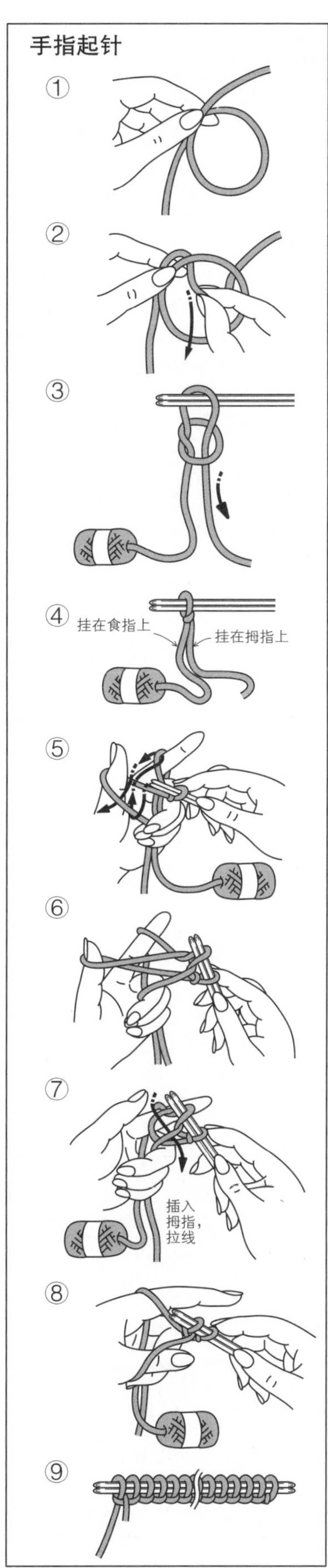

6

9页

●**材料**　Mille Colori 200G（中粗）粉色、蓝色系多色混合的段染（16）390g/2团

●**工具**　棒针8号

●**成品尺寸**　胸围96cm，衣长52cm，连肩袖长53cm

●**编织密度**　10cm×10cm面积内：下针编织19针，25行；编织花样22针，28行

●**编织要点**　**前、后身片**　手指起针，从下摆开始编织14行双罗纹针。接下来编织胁部的44行编织花样。插肩袖窿参照图示，立起侧边2针减针，领窝的针目做伏针收针。编织出前、后相同的2片。**袖**　与身片使用同样的方法起针，袖口的双罗纹针编织完成后，做下针编织。插肩袖窿立起侧边2针减针。**组合**　胁、袖下、身片与袖之间的插肩袖窿使用毛线缝针做挑针缝合，腋下使用毛线缝针做下针编织无缝缝合。衣领从前、后身片和袖的领窝处挑取针目环形编织双罗纹针。编织终点，做下针织下针、上针织上针的伏针收针。

中心
伏针收针
衣领（双罗纹针）
2.5（7行）
（8针）挑针
（32针）挑针
（8针）挑针
双罗纹针
伏针收针
15（34针）
伏针
2行平
2-1-10
3-1-22
行 针 次
（-36针）
2（4针）伏针
31.5（88行）
15.5（44行）
5（14行）
前、后身片
（编织花样）
48（106针）
（双罗纹针）
（106针）起针
插肩袖窿
6（12针）
伏针
2行平
4-1-3
3-1-22
行 针 次
（-29针）
2（4针）伏针
32（80行）
8.5（22行）
5（14行）
袖
（下针编织）
36（70针）
（双罗纹针）
（70针）起针
编织花样
20针、28行1个花样
□=⊟上针

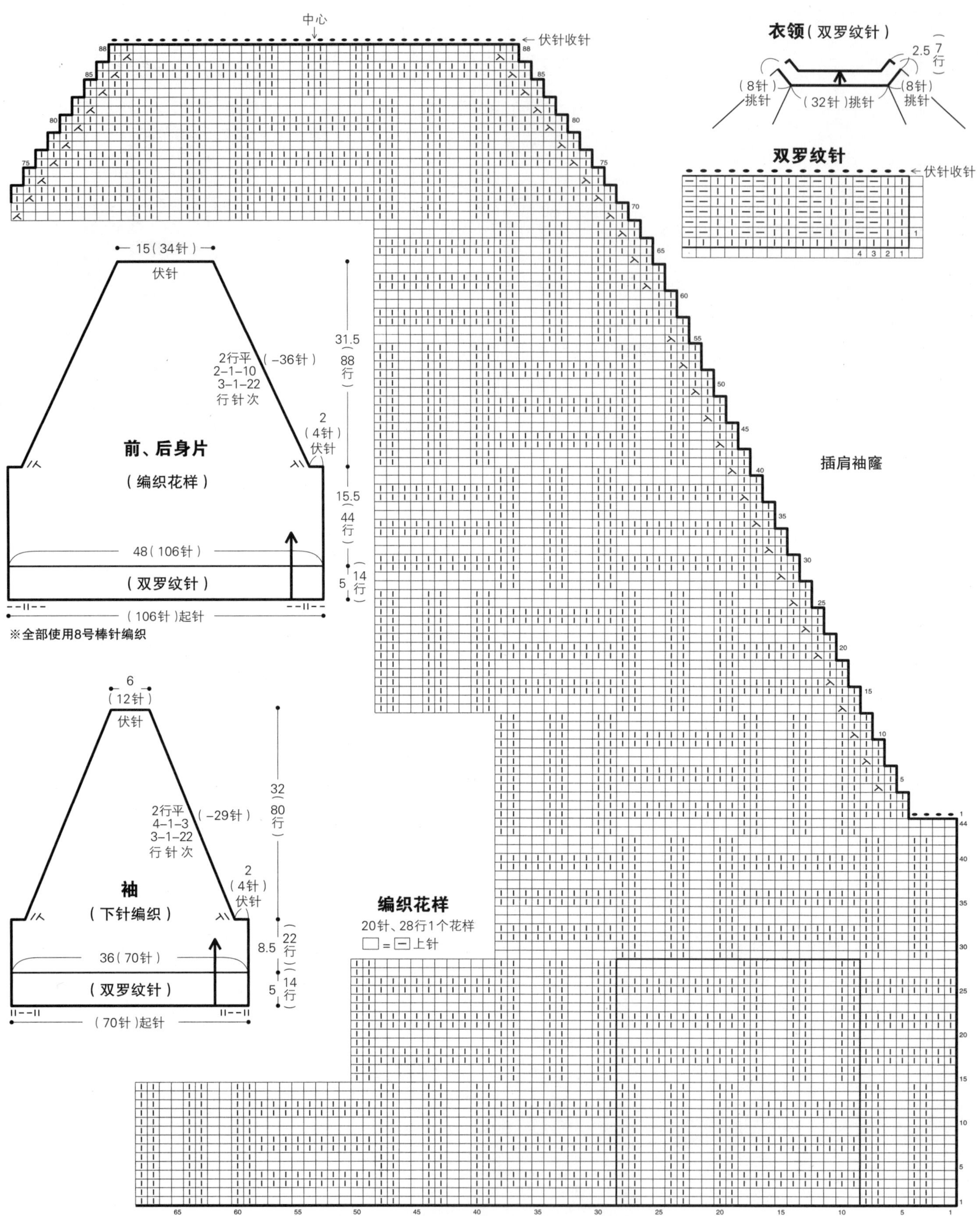

※全部使用8号棒针编织

2

4页

●**材料**　Pinacoteca（粗）红色系深浅混合并带有金银丝线（906）280g/7团

●**工具**　钩针8/0号、6/0号

●**成品尺寸**　胸围90cm，衣长52.5cm，连肩袖长64.5cm

●**编织密度**　编织花样1个花样约2cm，13行为10cm（育克）、11行为10cm（身片、袖）

●**编织要点**　**育克**　锁针起针。第1行挑取起针的锁针的半针和里山共2根线，从衣领开始钩织。参照图示，往返编织并连接成环形。后身片接着育克挑取20个编织花样，钩织2行。在左、右两肋各起4针锁针，钩织26行编织花样及6行边缘编织。**前身片**　从育克上挑取20个花样，在左、右两肋各起4针锁针，与后身片使用同样的方法钩织。**袖**　从育克和前、后身片的腋下挑取针目，参照图示钩织。**组合**　肋、袖下连接在一起，做“1针引拔针、3针锁针”的锁针接合。衣领整段挑取起针的锁针，环形钩织短针。

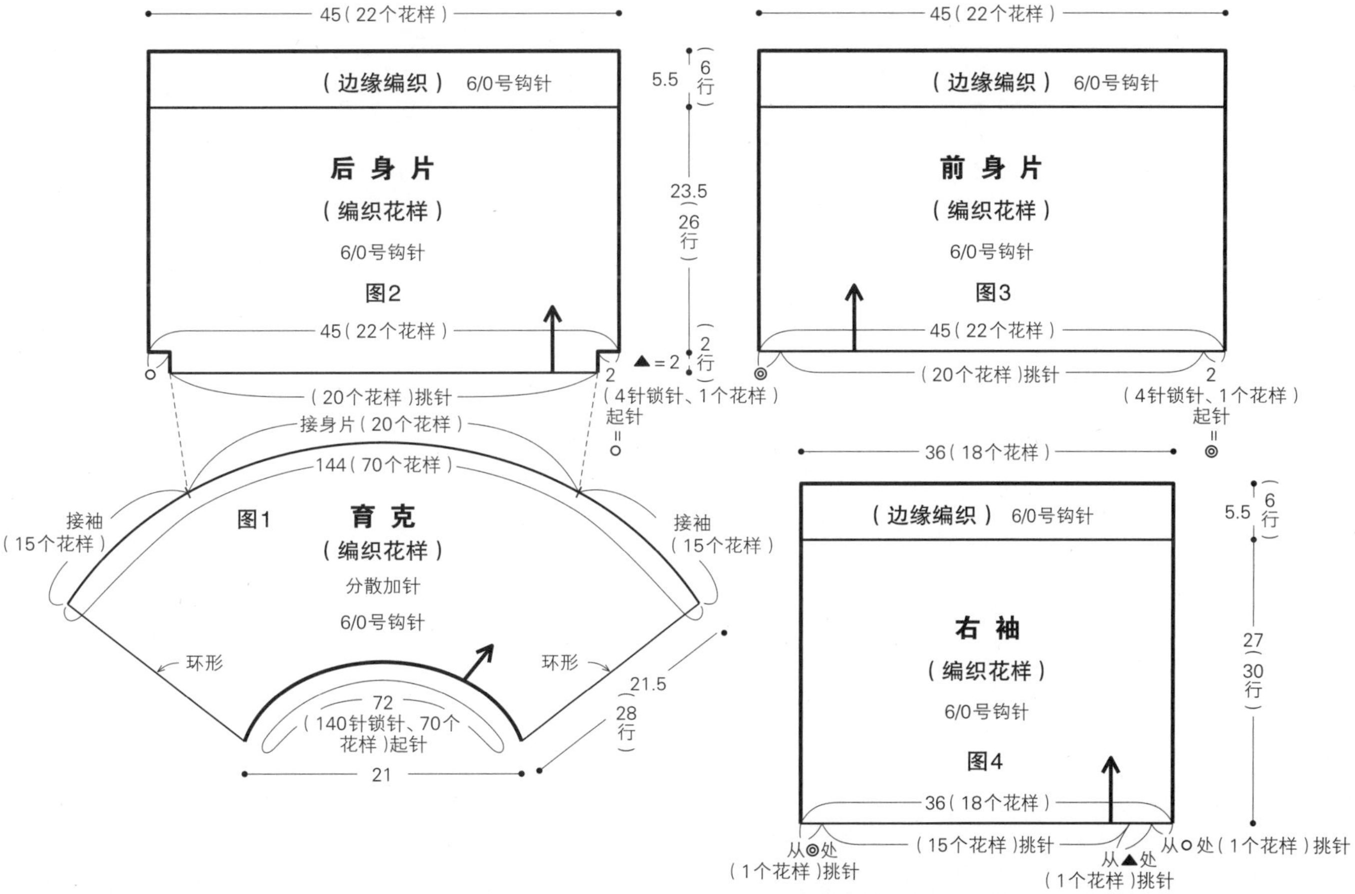

45（22个花样）
（边缘编织）6/0号钩针
5.5（6行）
后身片
（编织花样）
6/0号钩针
图2
23.5（26行）
45（22个花样）
▲=2（2行）
（20个花样）挑针
2（4针锁针、1个花样）起针=○

45（22个花样）
（边缘编织）6/0号钩针
前身片
（编织花样）
6/0号钩针
图3
45（22个花样）
（20个花样）挑针
2（4针锁针、1个花样）起针=◎

接身片（20个花样）
144（70个花样）
接袖（15个花样）
图1　**育克**
（编织花样）
分散加针
6/0号钩针
接袖（15个花样）
环形
环形
21.5（28行）
72（140针锁针、70个花样）起针
21

36（18个花样）
（边缘编织）6/0号钩针
5.5（6行）
右袖
（编织花样）
6/0号钩针
图4
27（30行）
36（18个花样）
从◎处（1个花样）挑针
（15个花样）挑针
从▲处（1个花样）挑针
从○处（1个花样）挑针
※按照右袖对称编织左袖

锁针起针

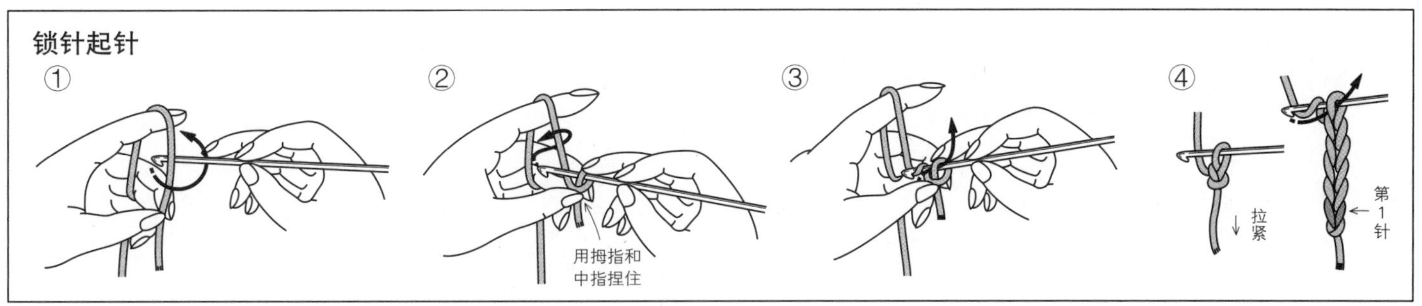

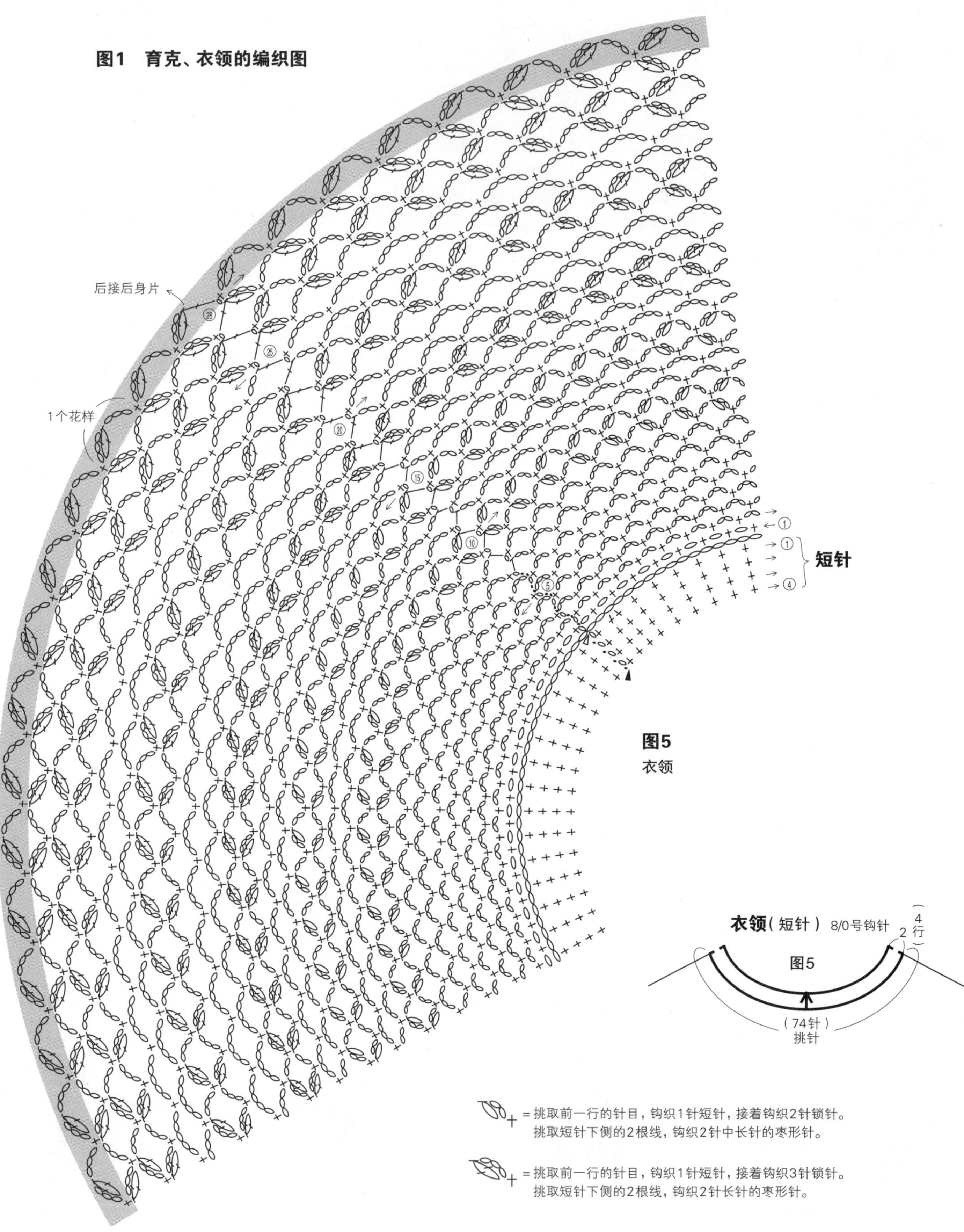
图1 育克、衣领的编织图
后接后身片
1个花样
㉖
㉕
⑳
⑮
⑩
⑤
①
①
④
短针
图5
衣领
衣领（短针） 8/0号钩针
4行
2
图5
（74针）
挑针
= 挑取前一行的针目，钩织1针短针，接着钩织2针锁针。
挑取短针下侧的2根线，钩织2针中长针的枣形针。
= 挑取前一行的针目，钩织1针短针，接着钩织3针锁针。
挑取短针下侧的2根线，钩织2针长针的枣形针。

图2 后身片的编织图

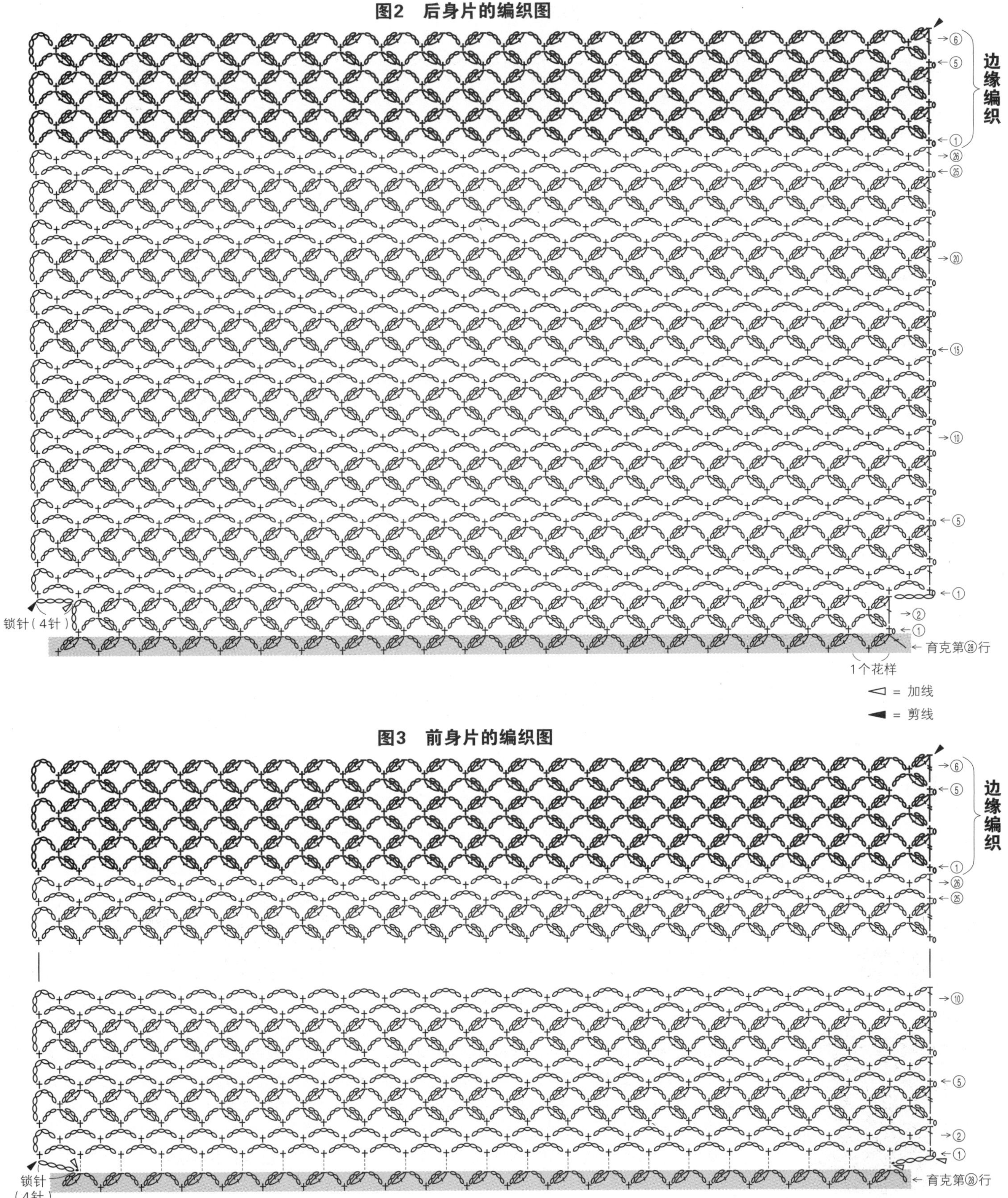

图3 前身片的编织图

图4　右袖的编织图

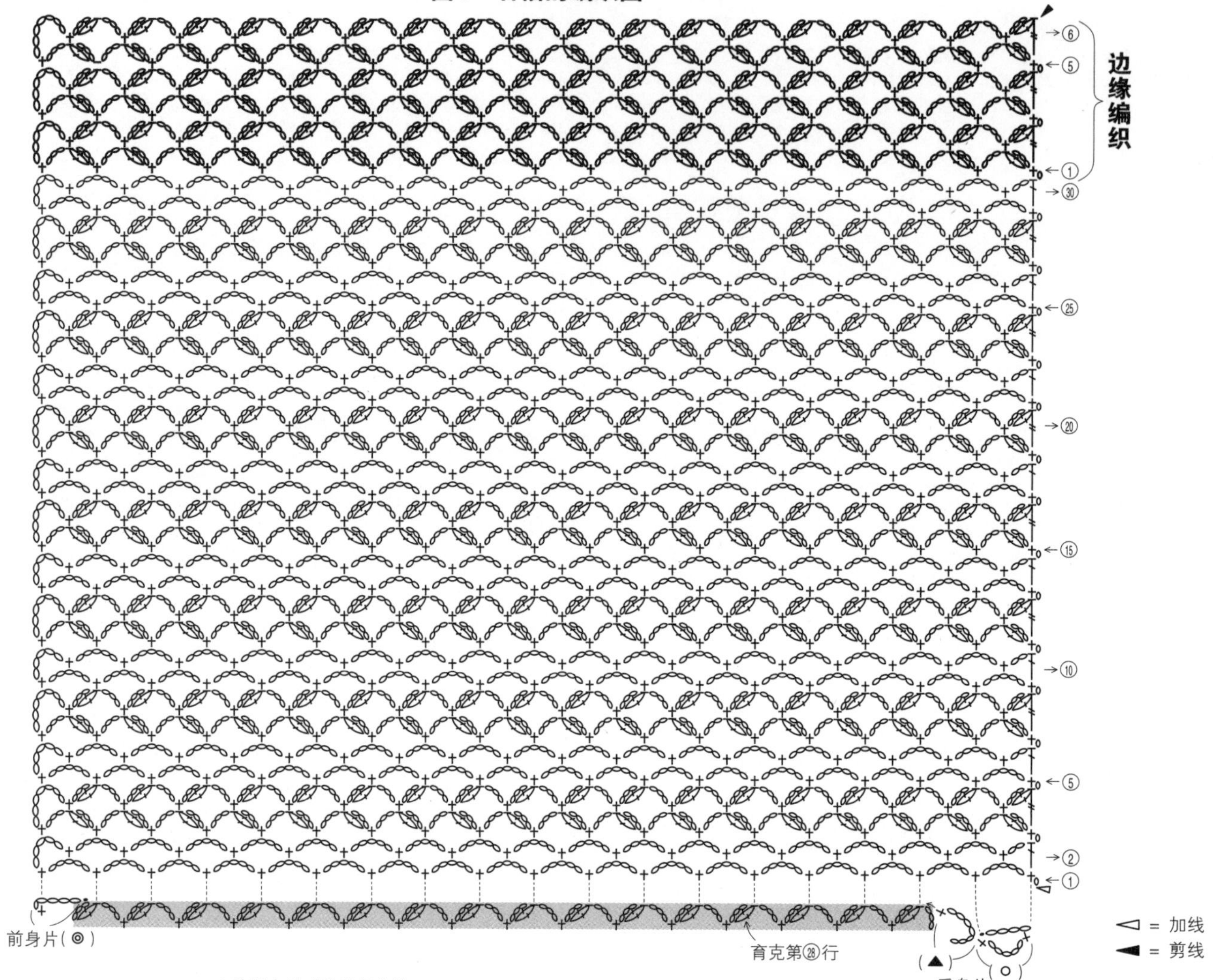

边缘编织

前身片（◎）

育克第㉘行

（▲）

（○）

后身片

◁ = 加线

◀ = 剪线

※按照右袖对称编织左袖

| 12页

●**材料**　Queen Anny（中粗）藏青色（828）300g/6团

●**工具**　棒针6号、5号

●**成品尺寸**　胸围90cm，肩宽35cm，衣长54.5cm

●**编织密度**　10cm×10cm面积内：下针编织19.5针，26.5行；编织花样24针，26.5行

●**编织要点**　**后身片**　手指起针，从下摆开始编织双罗纹针，接下来两肋做下针编织，中央部分按编织花样编织，注意在交界的位置，编织花样的第1行要做扭针加针。袖窿、领窝处减针时，做伏针减针或立起侧边1针减针，肩部做引返编织，休针备用。**前身片**　与后身片使用同样的方法编织，但领窝中央位置的针目要休针。**组合**　肩部将前、后身片正面相对做盖针接合，肋部使用毛线缝针做挑针缝合。衣领从前、后领窝上挑取针目，环形编织双罗纹针，做下针织下针、上针织上针的伏针收针。袖窿也从前、后身片上挑取针目，环形编织双罗纹针，做下针织下针、上针织上针的伏针收针。

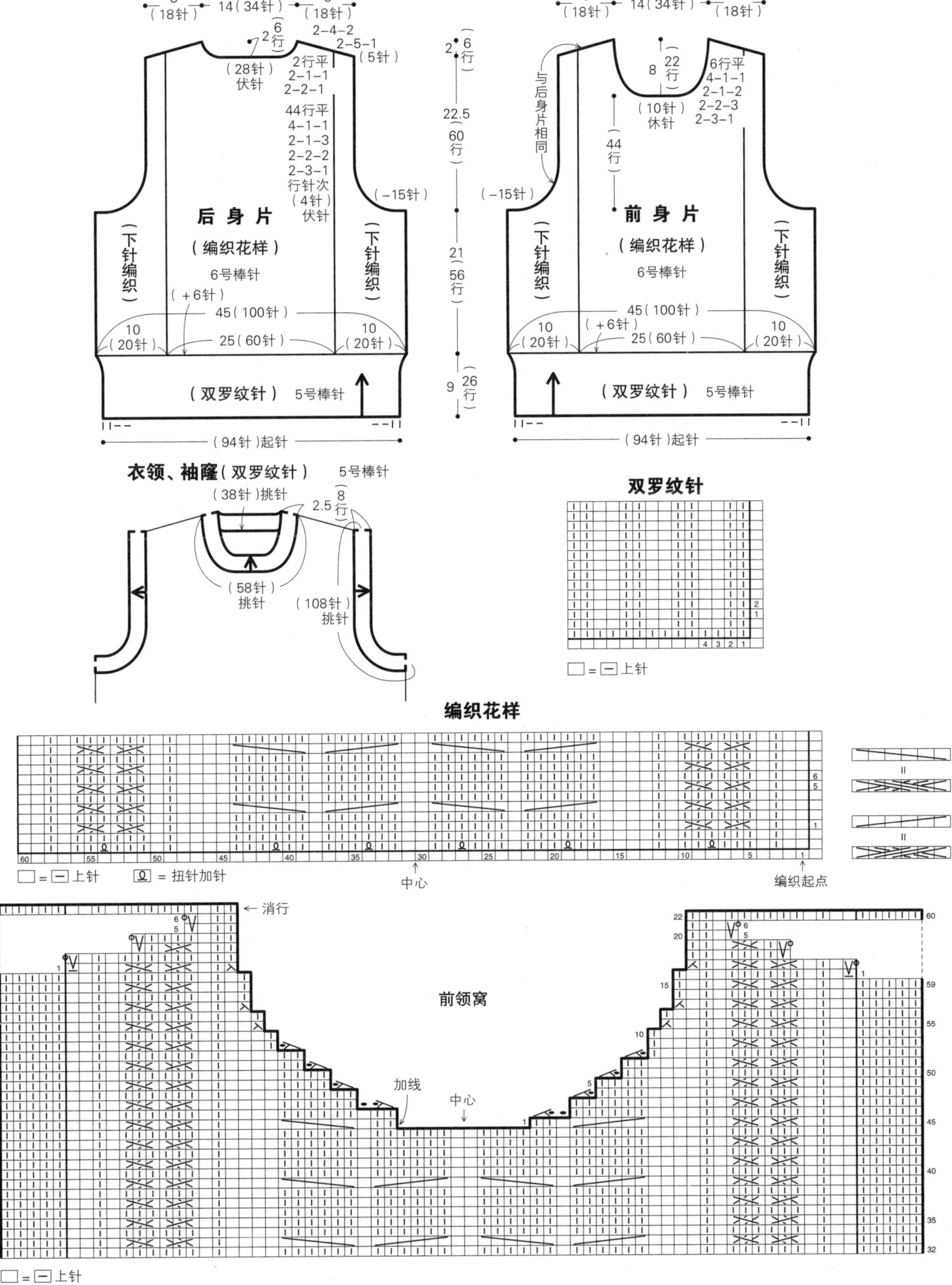

8 (18针)
14(34针)
8 (18针)
2 6行
2-4-2
2-5-1
(5针)
(28针) 伏针
2行平
2-1-1
2-2-1
44行平
4-1-1
2-1-3
2-2-2
2-3-1
行针次
(4针)
伏针
(-15针)
后身片
(编织花样)
6号棒针
(下针编织)
(+6针)
45(100针)
10 (20针)
25(60针)
(双罗纹针) 5号棒针
(94针)起针
2 6行
22.5 (60行)
21 (56行)
9 (26行)
14(34针)
8 22行
6行平
4-1-1
2-1-2
2-2-3
2-3-1
(10针) 休针
与后身片相同
44行
前身片
(编织花样)
6号棒针
衣领、袖窿(双罗纹针) 5号棒针
(38针)挑针
2.5 8行
(58针) 挑针
(108针) 挑针
双罗纹针
□=⊟上针
编织花样
□=⊟上针
扭针加针
中心
编织起点
消行
前领窝
加线

4 | 6页

●**材料** Queen Anny（中粗）浅驼色（812）370g/8团，墨黑色（954）40g/1团

●**工具** 棒针7号

●**成品尺寸** 胸围94cm，衣长55.5cm，连肩袖长63cm

●**编织密度** 10cm×10cm面积内：编织花样B 18针，26行；配色花样21针，23行

●**编织要点** **配色花样** 配色花样采用横向渡线的方法编织。**前、后身片** 前、后身片连续编织，手指起针，改变朝向后连接成环形。编织下摆的7行编织花样A，接下来按编织花样B编织。肋部高度的84行做环形编织。腋下的针目休针，前、后身片分别编织，休针备用。**袖** 与身片使用同样的方法起针，按编织花样A、B编织。袖下加针时，在1针内侧加针编织，最后的针目休针。**育克** 从前、后身片及袖的休针上挑针的同时，均匀地做扭针加针，环形编织配色花样。接下来，衣领按编织花样A'编织，从反面做伏针收针。**组合** 袖下使用毛线缝针做挑针缝合。身片与袖的腋下使用毛线缝针做下针编织无缝缝合和对齐针与行的缝合。

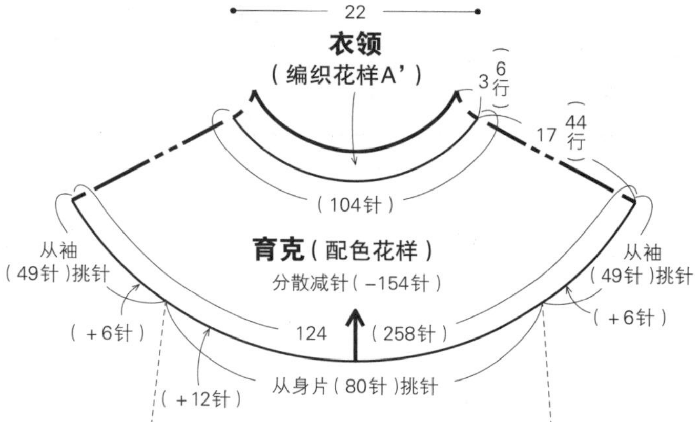

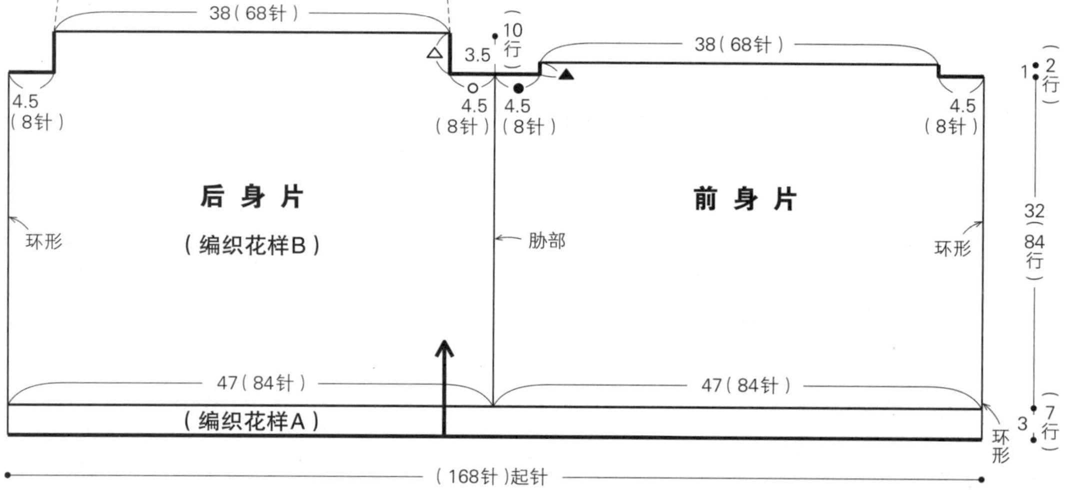

22
衣领
（编织花样A'）
3（6行）
17（44行）
（104针）
育克（配色花样）
分散减针（-154针）
从袖（49针）挑针
从袖（49针）挑针
（+6针）
（+6针）
124（258针）
（+12针）
从身片（80针）挑针
38（68针）
38（68针）
3.5（10行）
1（2行）
4.5（8针）
4.5（8针）
4.5（8针）
4.5（8针）
后身片
（编织花样B）
前身片
环形
胁部
环形
32（84行）
47（84针）
47（84针）
（编织花样A）
3（7行）
环形
（168针）起针

※全部使用7号棒针编织

※除配色花样以外，均使用浅驼色线编织

编织花样A'

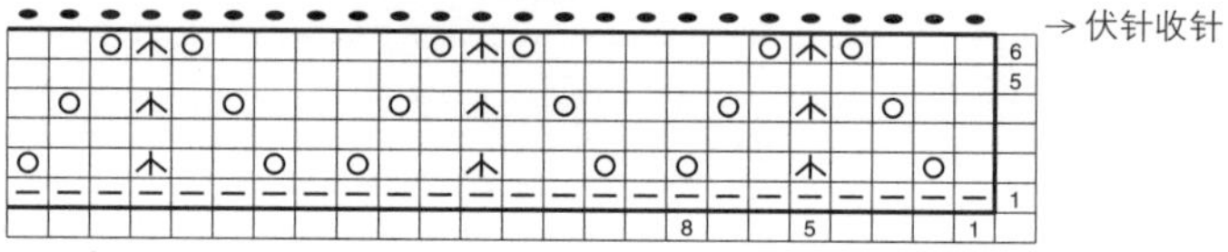

→伏针收针

□ = 丨 下针

编织花样B

□ = 丨 下针

编织花样A

→起针

□ = 丨 下针

配色花样

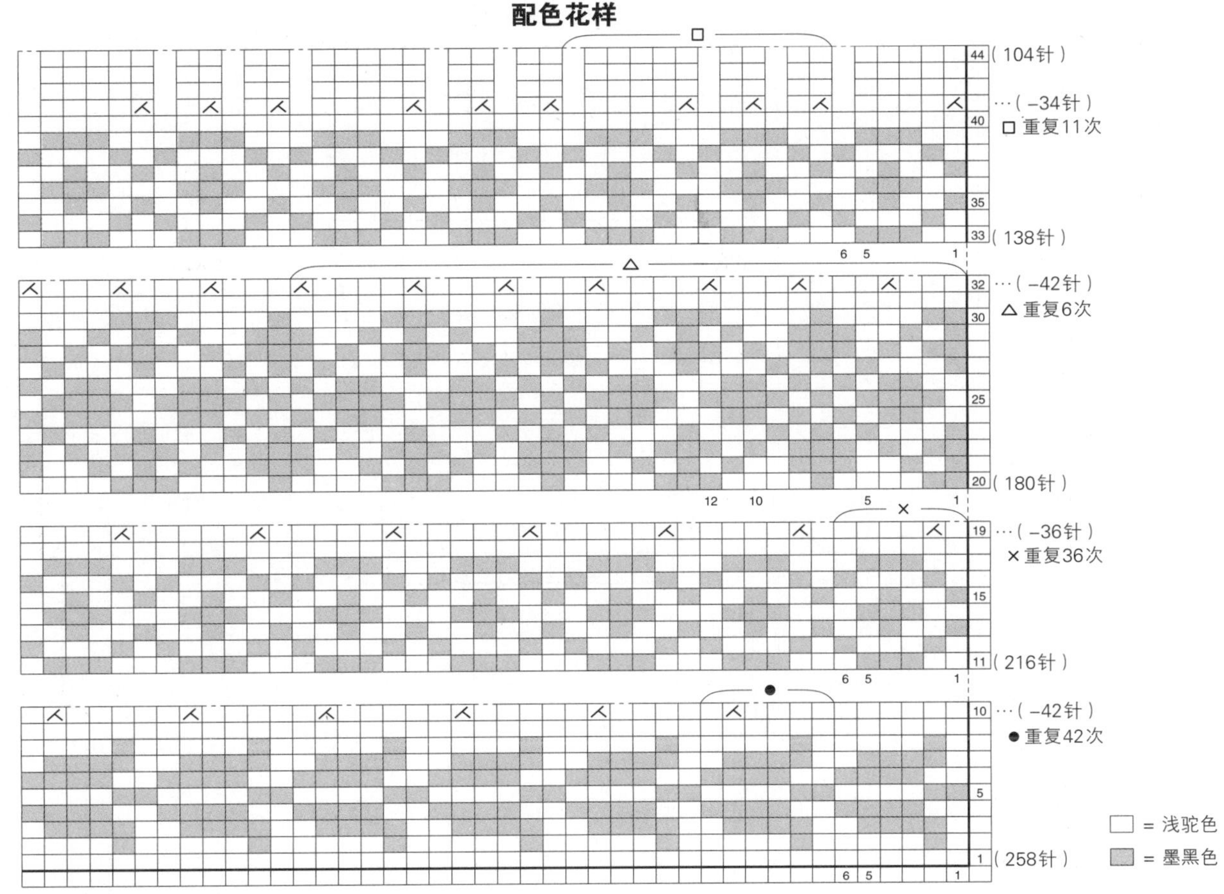

配色花样（横向渡线的方法）

看着正面编织的行

①

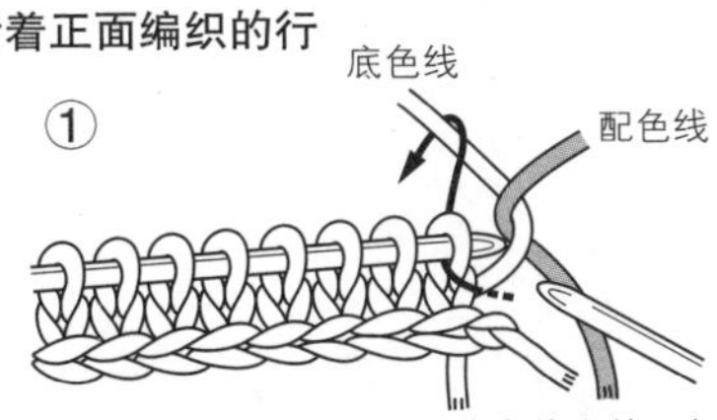

在加入配色的行，用底色线夹着配色线。

②

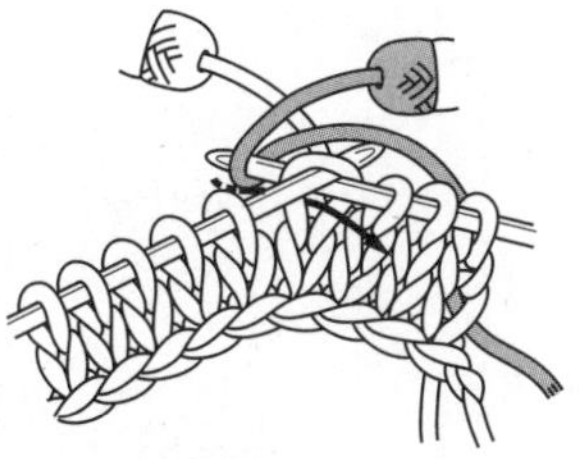

使用配色线编织时，从底色线的上方渡过。

③

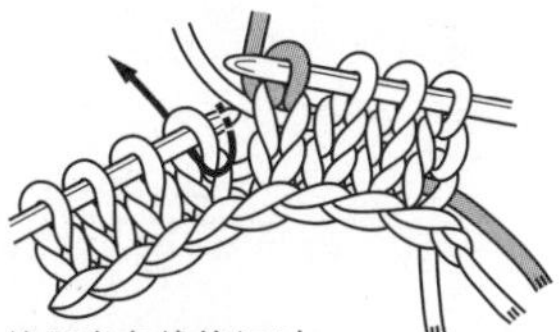

使用底色线编织时，每次都是从配色线的下方渡过。

④

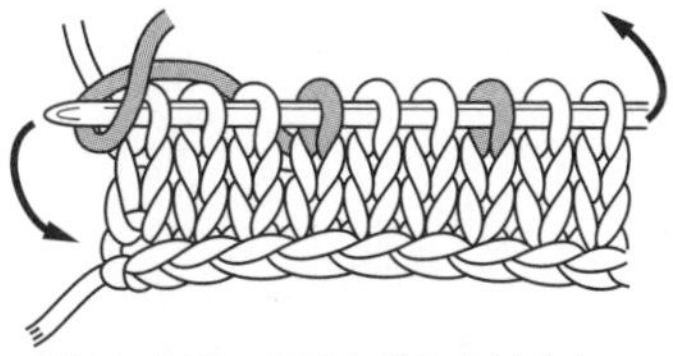

翻转织片时，将配色线挂在针头上，将针头按照逆时针方向旋转。

看着反面编织的行

⑤

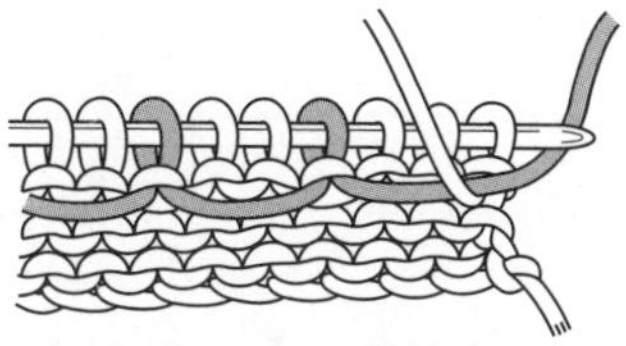

将配色线渡到边上，夹着底色线编织。

⑥

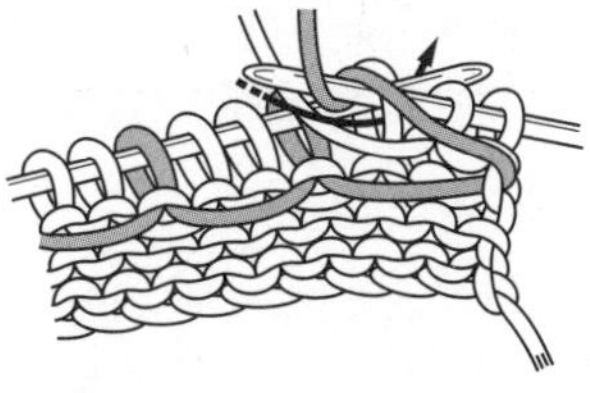

编织配色线时，从底色线的上方渡过。

⑦

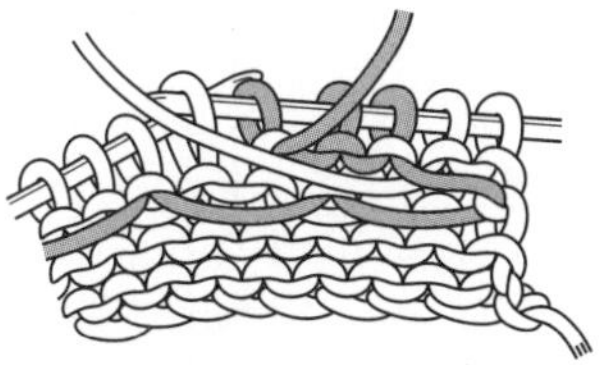

每次都是配色线在上，底色线在下。

⑧

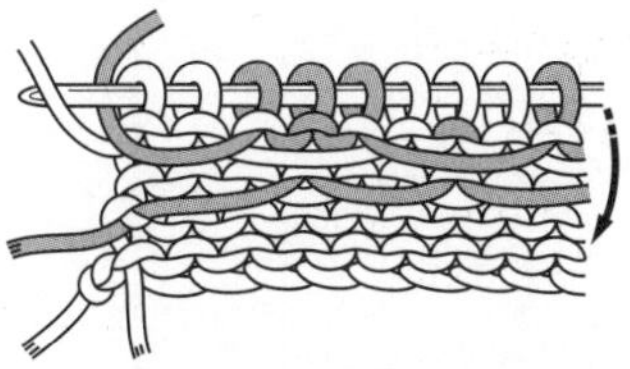

从反面翻回正面时，将配色线留在后侧，针头按照逆时针方向旋转。

⑨

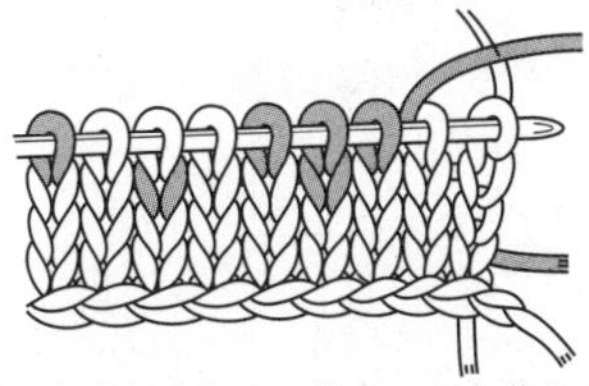

线团每次都放在同一位置，配色线留在上侧，渡到边上。

袖的编织图

37.5（69针）
4.5（9针）
3.5（6针）
1（2针）
4.5（9针）
24（43针）
右袖
（编织花样B）
6行平
6-1-3
8-1-5
10-1-2
行 针 次
（+10针）
（-1针）
32（84行）
27（49针）
（编织花样A）
3（7行）
（50针）起针
※带有对齐标记的部分与身片对齐
袖下
左加针
立起侧边1针
增加的针目
右加针
增加的针目
□=□下针

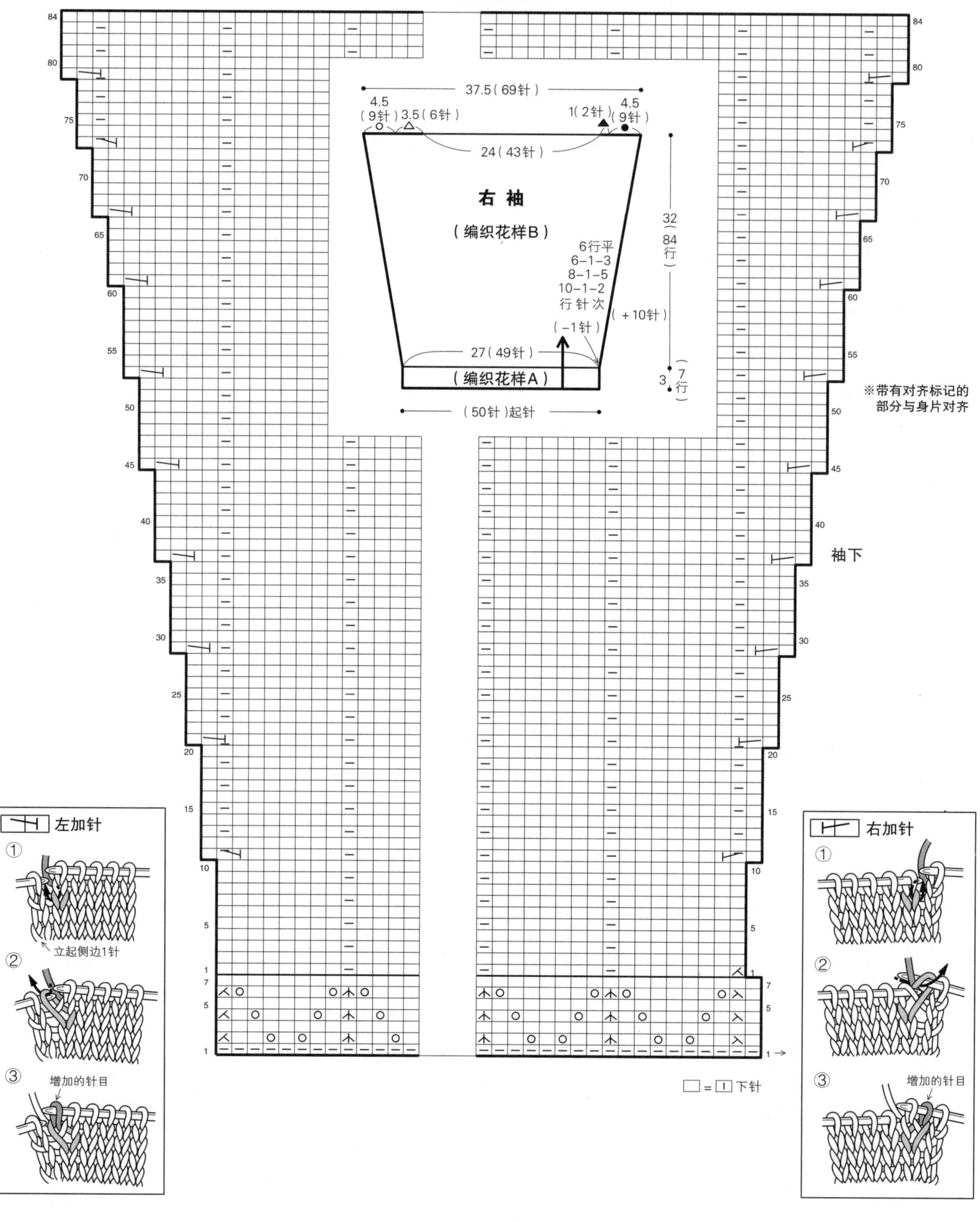

5 | 8页

●**材料** Boboli（粗）深藏青色（431）380g/10团

●**工具** 棒针6号、5号

●**成品尺寸** 胸围94cm，肩宽30cm，衣长55cm，袖长52cm

●**编织密度** 10cm×10cm面积内：下针编织23针，28行；编织花样A 25.5针，28行；编织花样B 23针，28行

●**编织要点** **前、后身片** 另线锁针起针，组合编织下针编织和编织花样A。在编织花样A和下针编织的边上，通过编织加、减针而编织出斜向的交界线。袖窿、领窝（前身片休针）处减针时，做伏针减针或立起侧边1针减针，肩部做引返编织，休针备用。拆开下摆另线锁针的起针，挑取针目，编织单罗纹针，做下针织下针、上针织上针的伏针收针。**袖** 手指起针，由袖山开始向袖下编织。接着编织袖口的单罗纹针，与身片相同，做下针织下针、上针织上针的伏针收针。**组合** 肩部将前、后身片正面相对，使用钩针做引拔接合。胁、袖下使用毛线缝针做挑针缝合。衣领从前、后领窝上挑取针目，环形编织单罗纹针，做下针织下针、上针织上针的伏针收针。使用钩针将衣袖引拔接合到身片上。

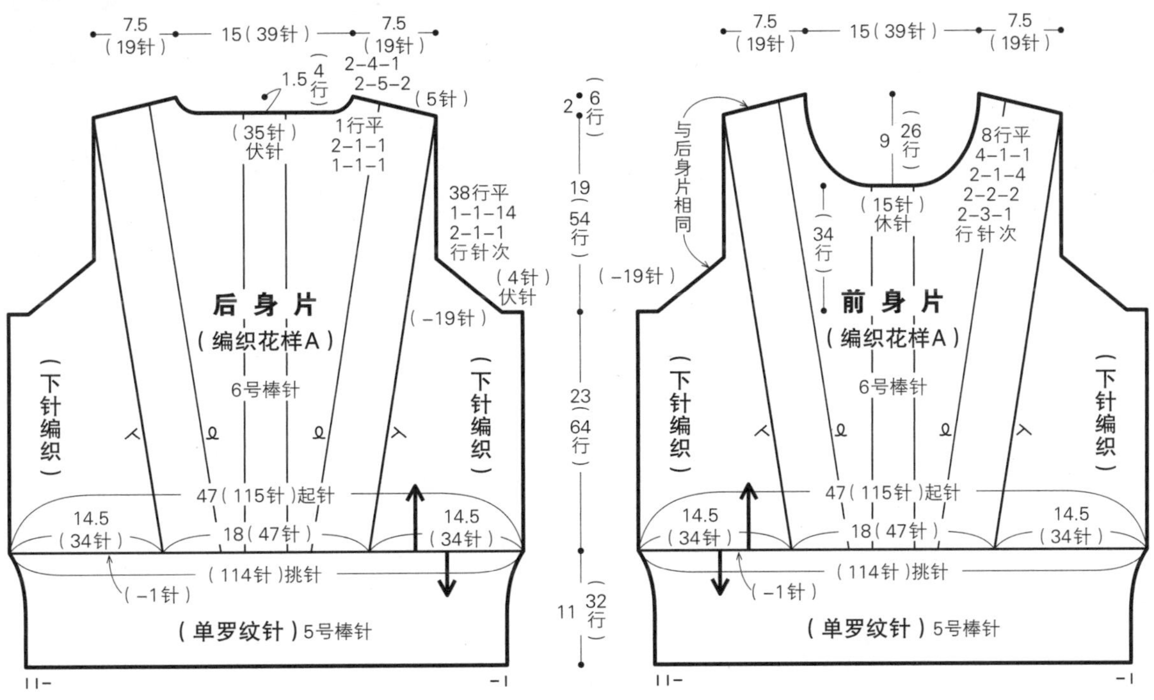

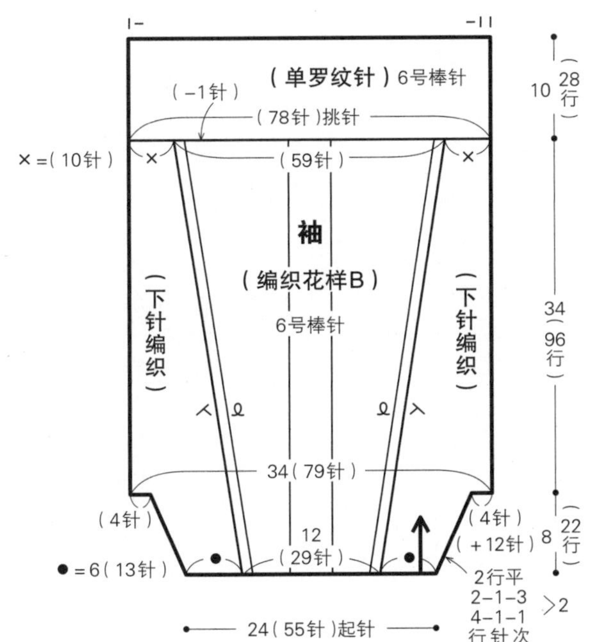

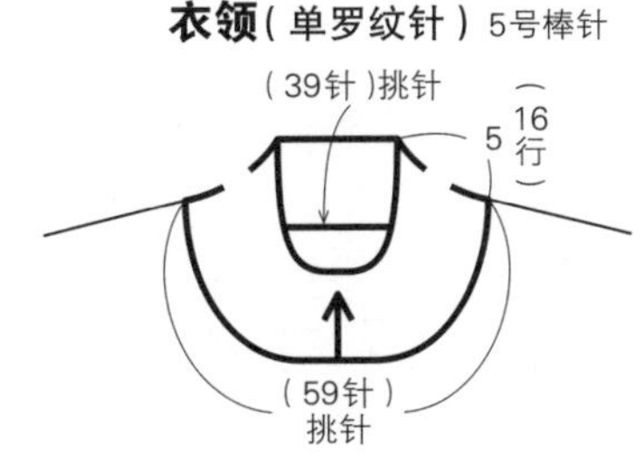

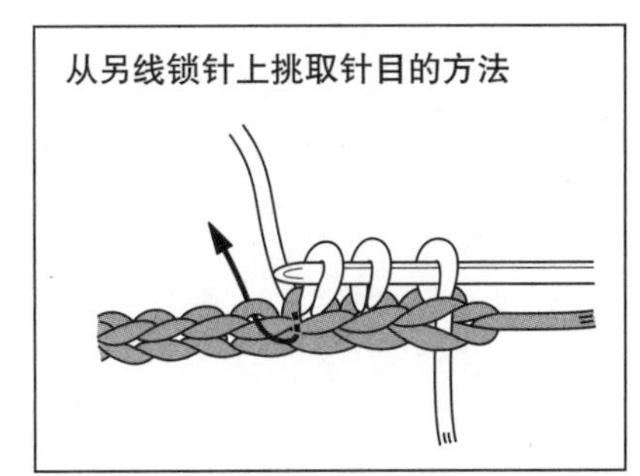

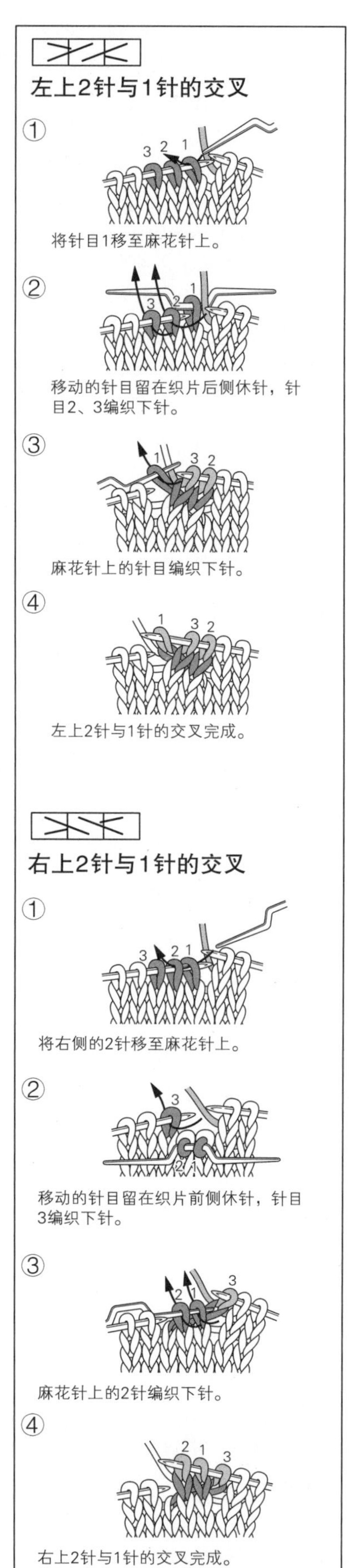

编织花样A和前、后身片的编织图

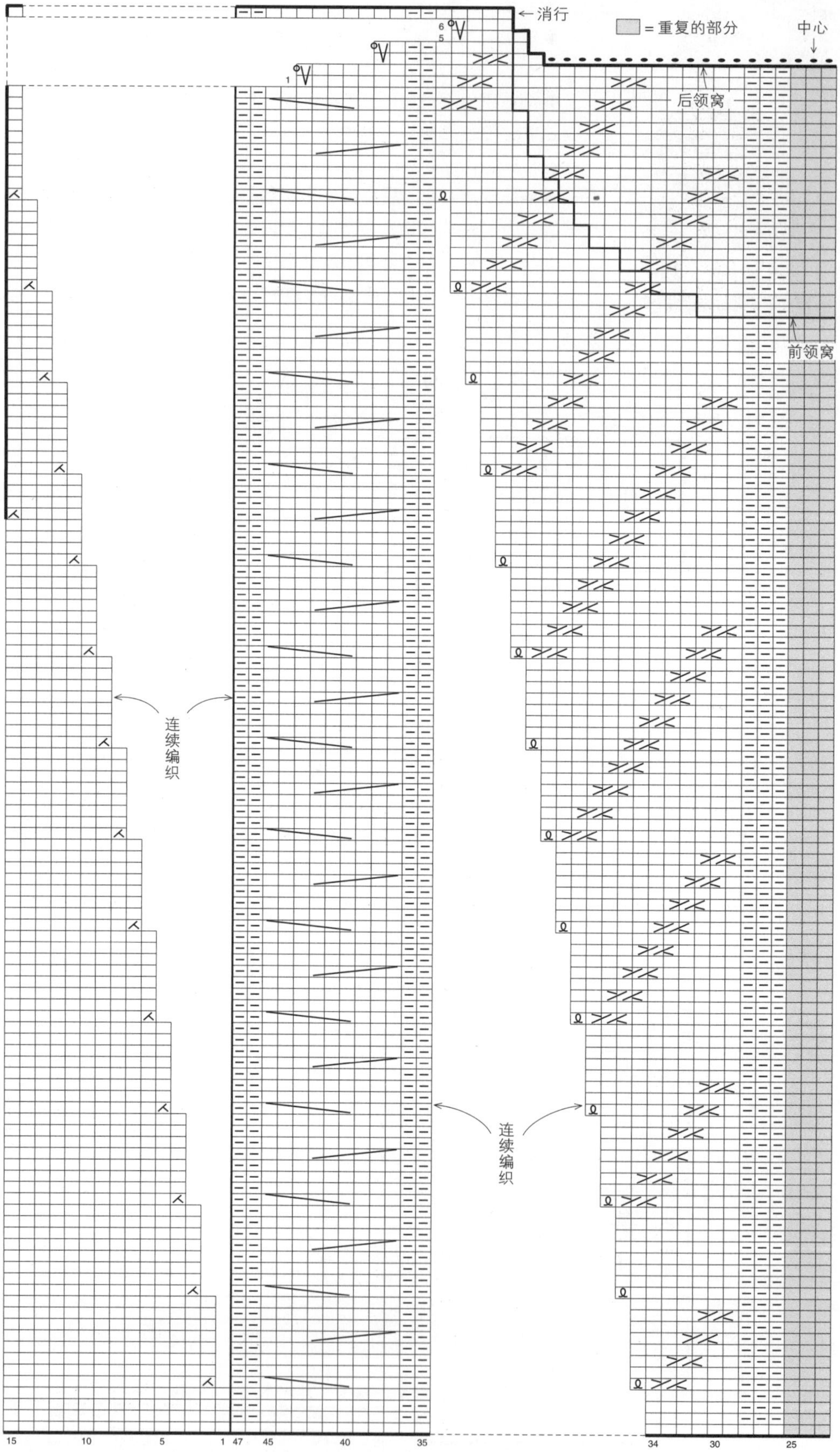

←消行

□ = 重复的部分

中心

后领窝

前领窝

连续编织

连续编织

15 10 5 1 47 45 40 35 34 30 25

□ = □ 下针　　Ω = 扭针加针

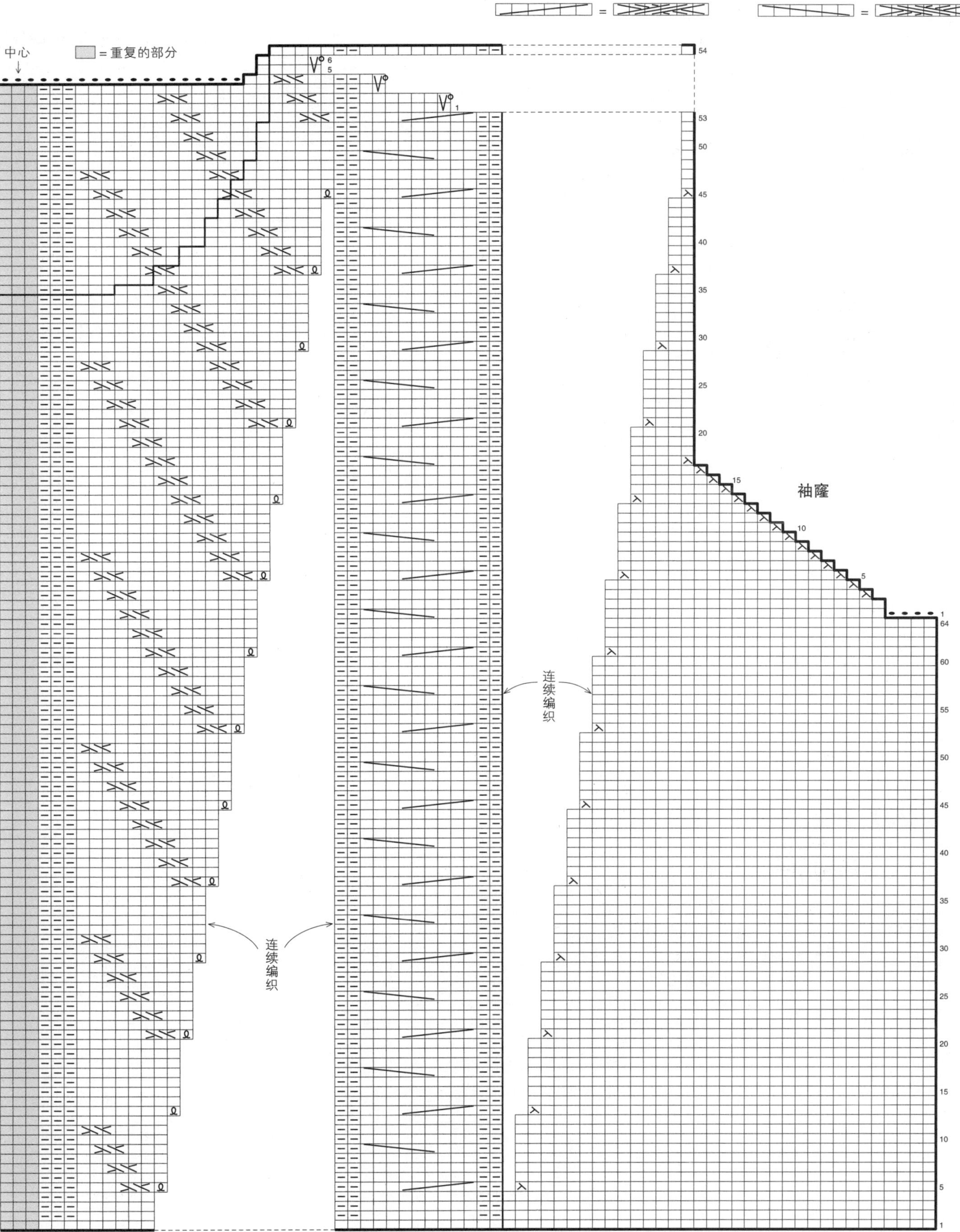

中心
=重复的部分
袖窿
连续编织
连续编织
连续编织

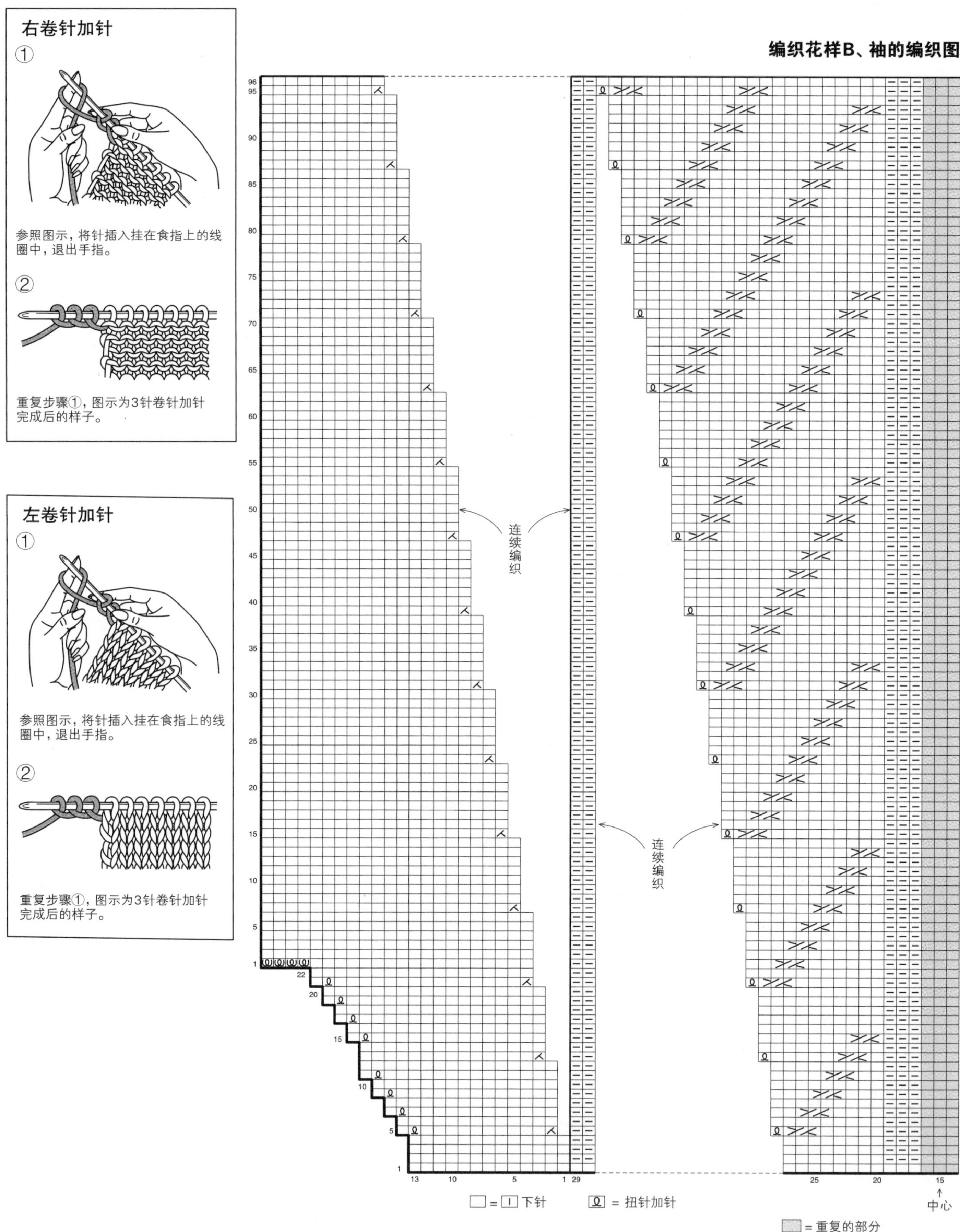
右卷针加针
①
参照图示，将针插入挂在食指上的线圈中，退出手指。
②
重复步骤①，图示为3针卷针加针完成后的样子。
左卷针加针
①
参照图示，将针插入挂在食指上的线圈中，退出手指。
②
重复步骤①，图示为3针卷针加针完成后的样子。
编织花样B、袖的编织图
连续编织
连续编织
□ = ▣ 下针
Ⓠ = 扭针加针
中心
▒ = 重复的部分

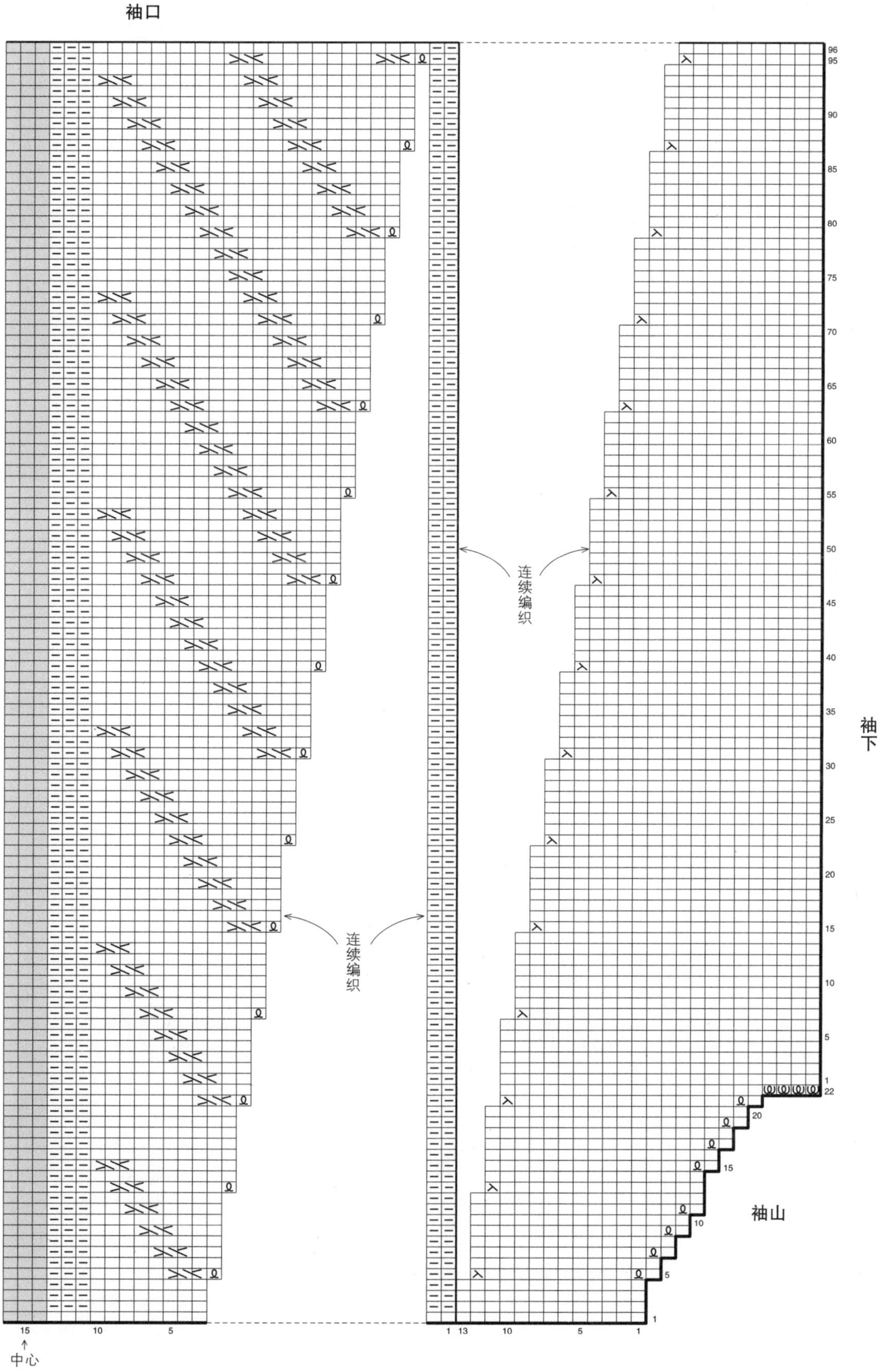

连续编织

连续编织

袖下

袖山

15 10 5 1 13 10 5 1

中心

7 | 10页

●**材料** British Eroika（极粗）灰蓝色（178）640g/13团；直径2cm的纽扣8颗

●**工具** 棒针9号、8号

●**成品尺寸** 胸围95cm，衣长60.5cm，连肩袖长76.5cm

●**编织密度** 10cm×10cm面积内：上针编织20针，24行；编织花样26针，24行

●**编织要点** **后身片** 手指起针，从下摆的双罗纹针开始编织，接下来，两肋做上针编织，中央按编织花样编织。插肩袖窿减针时，立起侧边3针减针，领窝编织伏针。**前身片** 与后身片使用同样的方法起针，插肩袖窿、领窝中央的针目休针，参照图示减针编织。对称编织2片。**袖** 与身片使用同样的方法起针，袖下加针时，在1针内侧编织扭针加针。插肩袖窿减针时，立起侧边3针减针编织。对称编织2片。**组合** 肋、插肩袖窿、袖下使用毛线缝针做挑针缝合。腋下的针目使用毛线缝针做下针编织无缝缝合。前门襟编织双罗纹针，在右前门襟的指定位置编织扣眼，做下针织下针、上针织上针的伏针收针。衣领从前、后身片和袖上的领窝处挑取针目，编织双罗纹针。编织终点，做下针织下针、上针织上针的伏针收针。在左前门襟钉上纽扣。

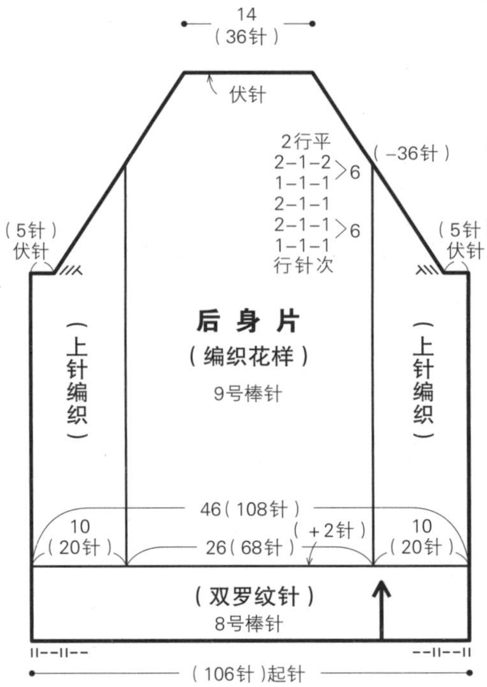

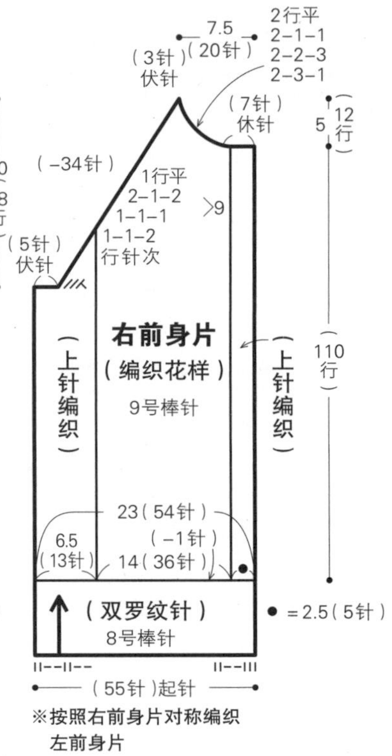

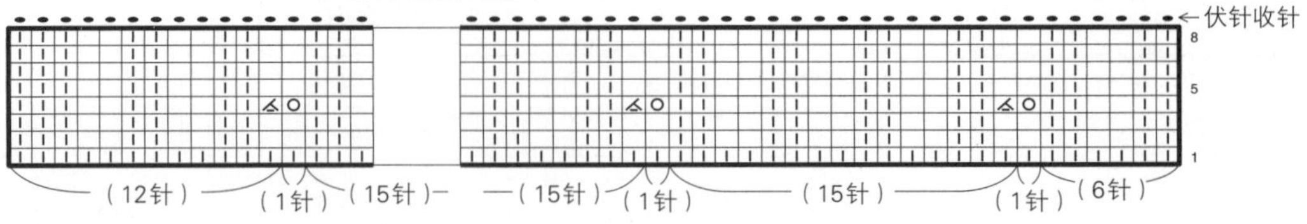

后身片（编织花样）9号棒针

14（36针）伏针；2行平 2-1-2 1-1-1 >6；2-1-1 2-1-1 1-1-1 >6 行针次；（-36针）；（5针）伏针；21.5 52行；（上针编织）；46（108针）；10（20针）；26（68针）；（+2针）；（双罗纹针）8号棒针；8 18行；31 74行；（106针）起针

右前身片（编织花样）9号棒针

7.5（20针）；2行平 2-1-1 2-2-3 2-3-1；（3针）伏针；（7针）休针；5 12行；20 48行；（-34针）；1行平 2-1-2 1-1-1 1-1-2 行针次 >9；（5针）伏针；110行；23（54针）；6.5（13针）；（-1针）；14（36针）；（双罗纹针）8号棒针；●=2.5（5针）；（55针）起针

※按照右前身片对称编织左前身片

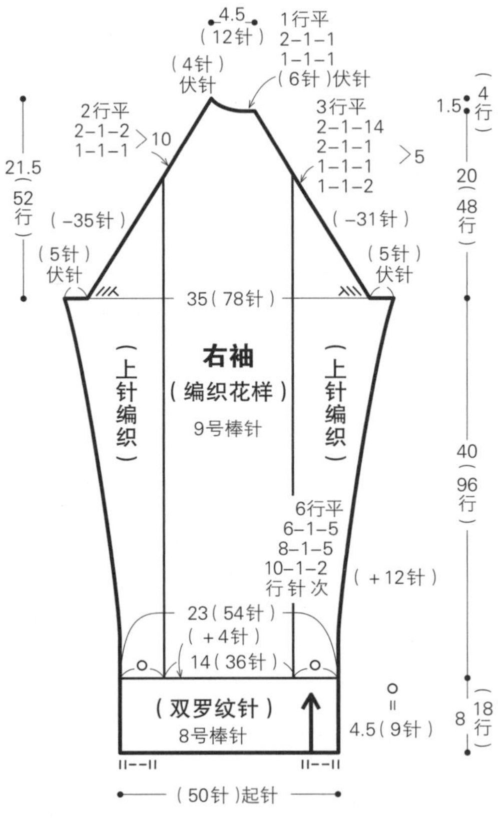

右袖（编织花样）9号棒针

4.5（12针）；1行平 2-1-1 1-1-1；（4针）伏针；（6针）伏针；2行平 2-1-2 1-1-1 >10；3行平 2-1-14 2-1-1 1-1-1 1-1-2 >5；1.5 4行；21.5 52行；20 48行；（-35针）；（-31针）；（5针）伏针；35（78针）；（上针编织）；40 96行；6行平 6-1-5 8-1-5 10-1-2 行针次；（+12针）；23（54针）；（+4针）；14（36针）；（双罗纹针）8号棒针；○=4.5（9针）；8 18行；（50针）起针

※按照右袖对称编织左袖

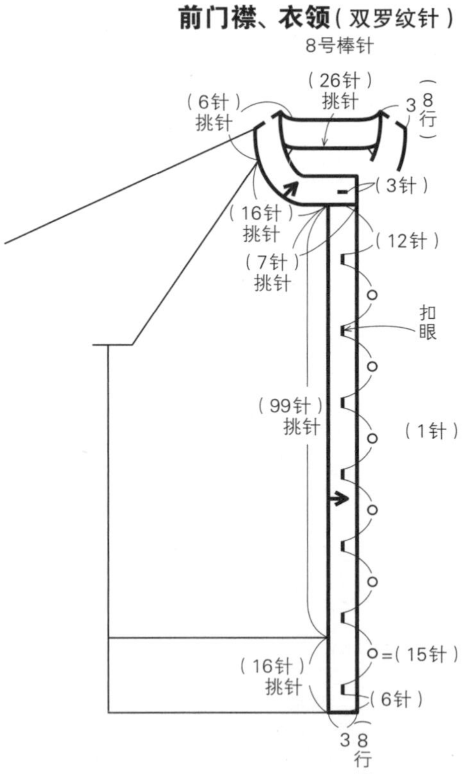

前门襟、衣领（双罗纹针）8号棒针

（26针）挑针；（6针）挑针；3 8行；（3针）；（16针）挑针；（12针）；（7针）挑针；扣眼；（99针）挑针；（1针）；○=（15针）；（16针）挑针；（6针）；3 8行

扣眼（右前领）

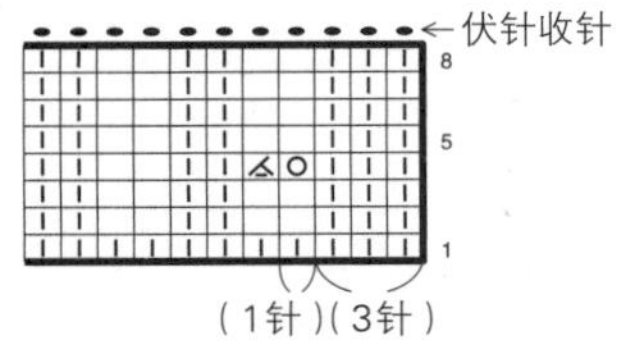

伏针收针；（1针）（3针）

扣眼（右前门襟）

伏针收针；（12针）（1针）（15针）—（15针）（1针）（15针）（1针）（6针）

后身片的编织图

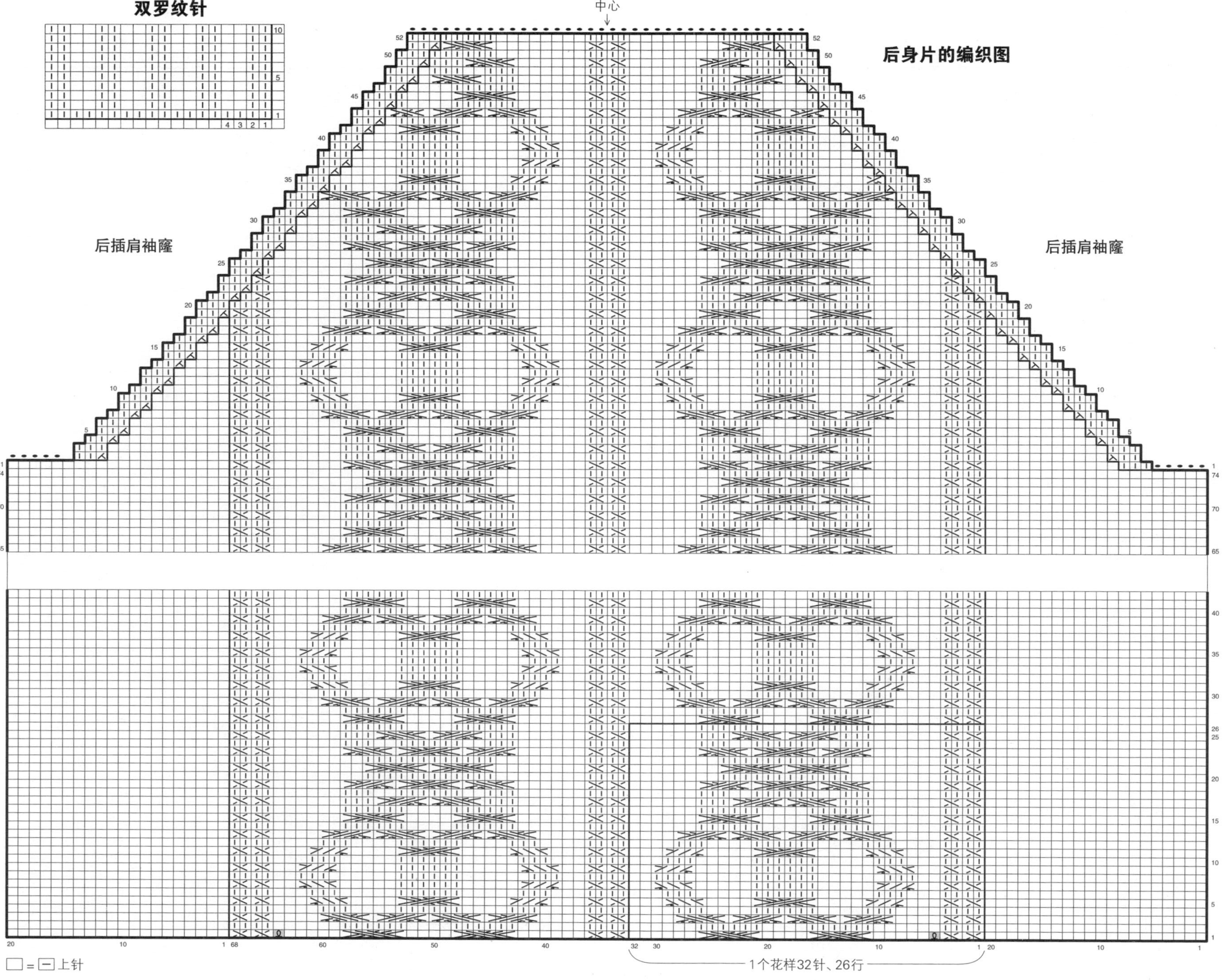

前身片的编织图

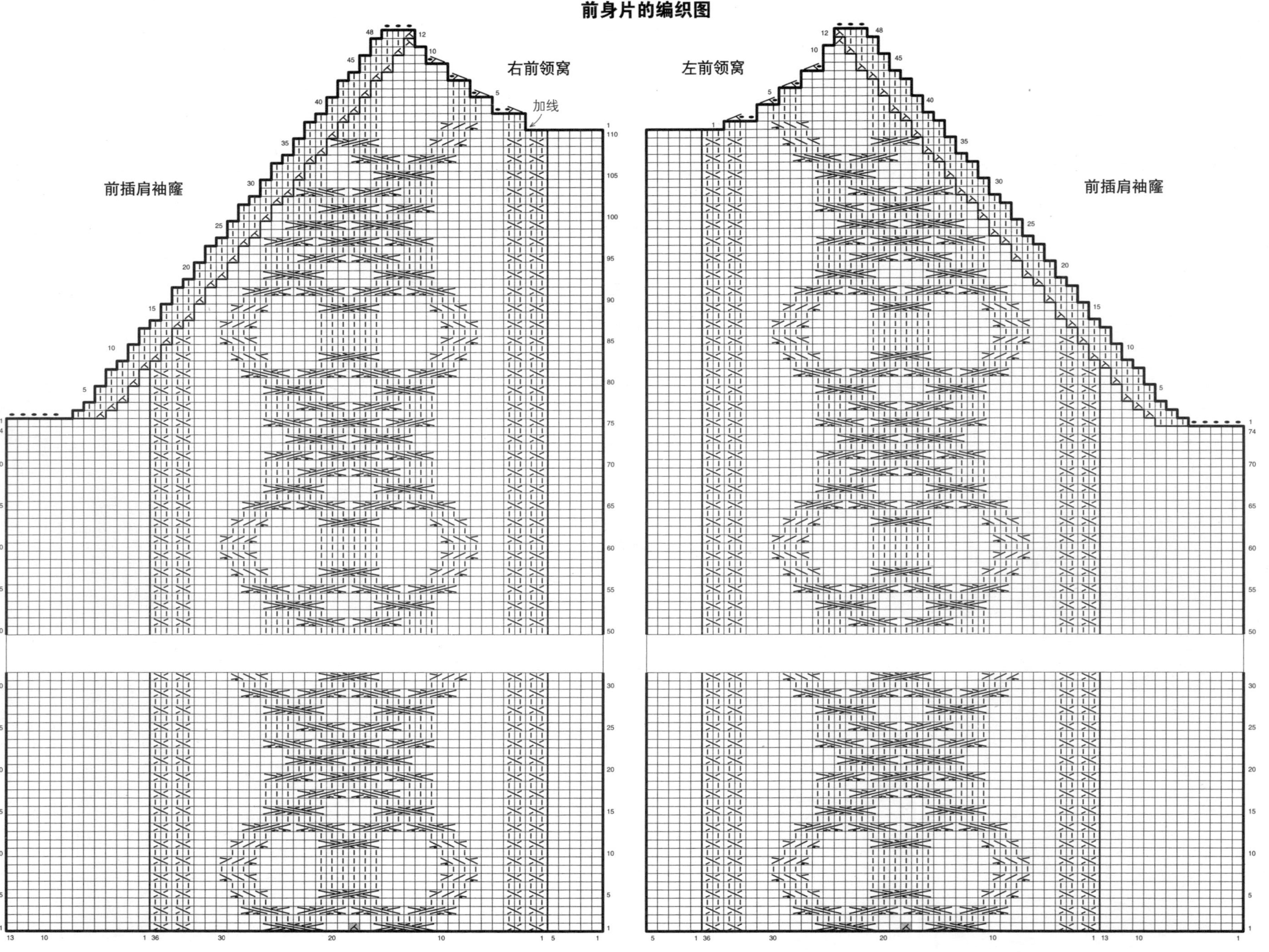

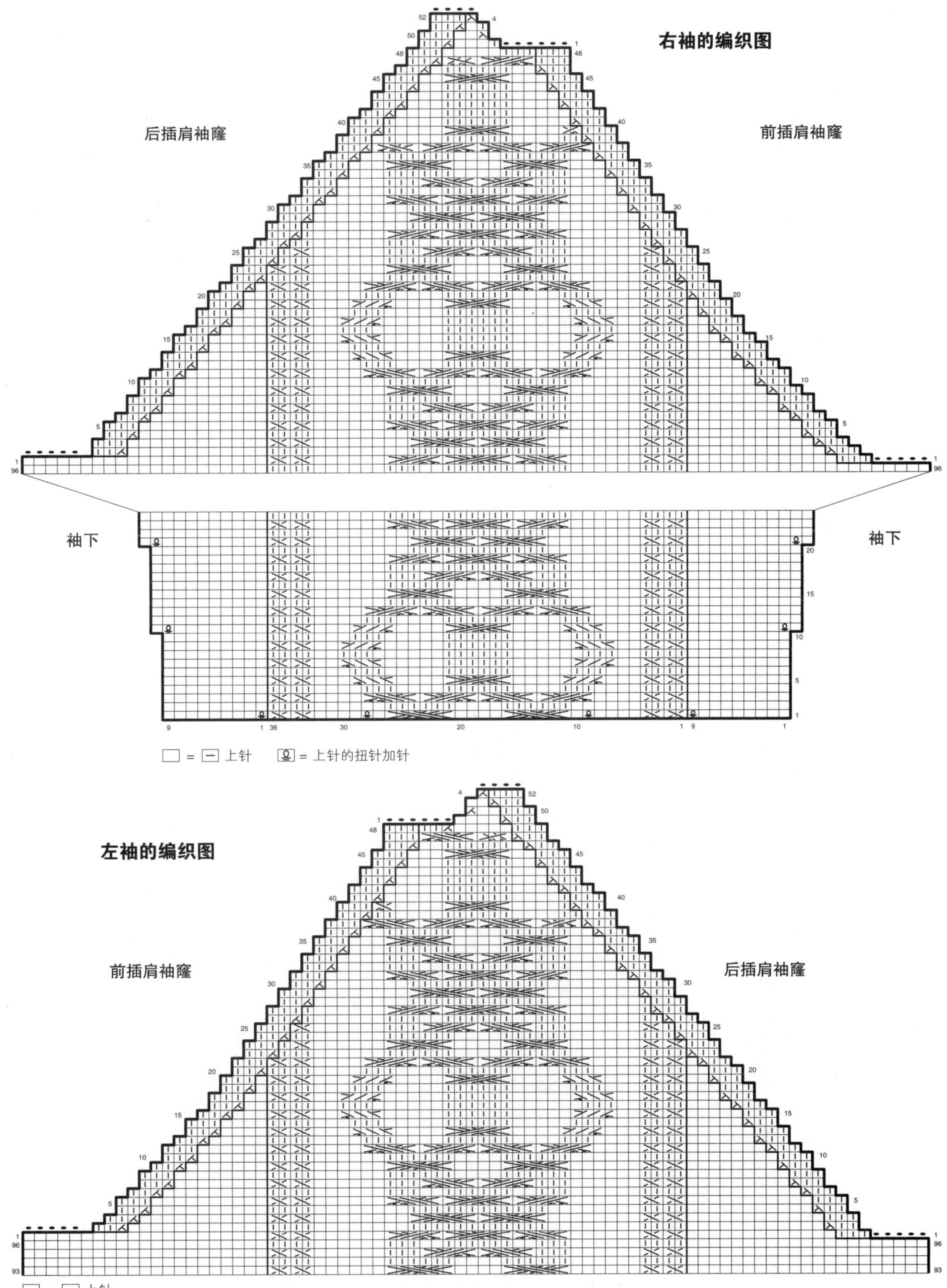

右袖的编织图
后插肩袖窿
前插肩袖窿
袖下
袖下
□ = ⊟ 上针　⑫ = 上针的扭针加针
左袖的编织图
前插肩袖窿
后插肩袖窿
□ = ⊟ 上针

9 | 13页

●**材料**　Mille Colori 200G（中粗）红色、黑色、绿色系多色混合的段染（65）320g/2团；直径2cm的纽扣5颗

●**工具**　棒针10号、9号、8号

●**成品尺寸**　胸围95cm，衣长53cm，连肩袖长22.5cm

●**编织密度**　10cm×10cm面积内：下针编织22针，23行；编织花样21针，23行

●**编织要点**　**后身片**　手指起针，下摆编织6行起伏针，接下来两肋做下针编织，中央按编织花样编织，组合编织64行。袖口的5针编织起伏针。领窝处减针时，做伏针减针或立起侧边1针减针，肩部做引返编织，针目休针备用。**前身片**　与后身片使用同样的方法起针，前门襟编织变化的罗纹针，与身片一起编织，在右前门襟的指定位置编织扣眼。领窝中央的针目休针备用。对称编织2片。**组合**　肩部将前、后身片正面相对做盖针接合，肋部使用毛线缝针做挑针缝合。衣领将身片正面朝上，两端各留2针后挑取针目，编织双罗纹针的同时参照图示做引返编织。接下来编织2行起伏针，从反面做伏针收针。在左前门襟钉上纽扣。

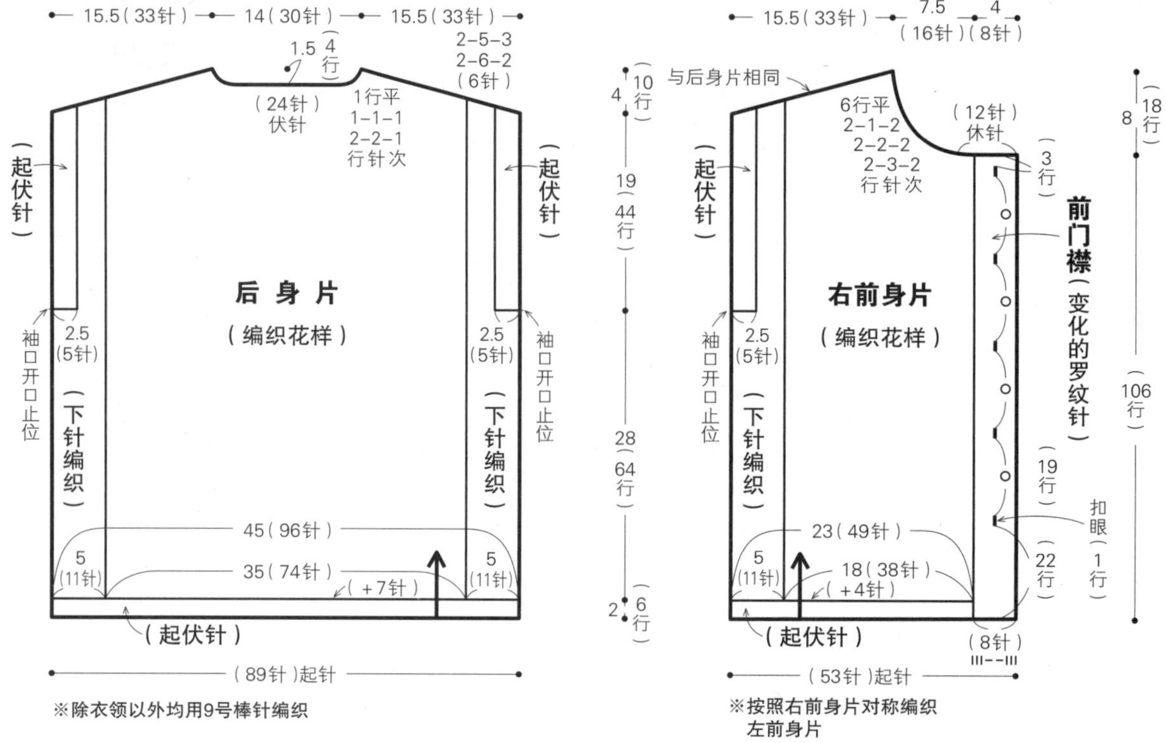

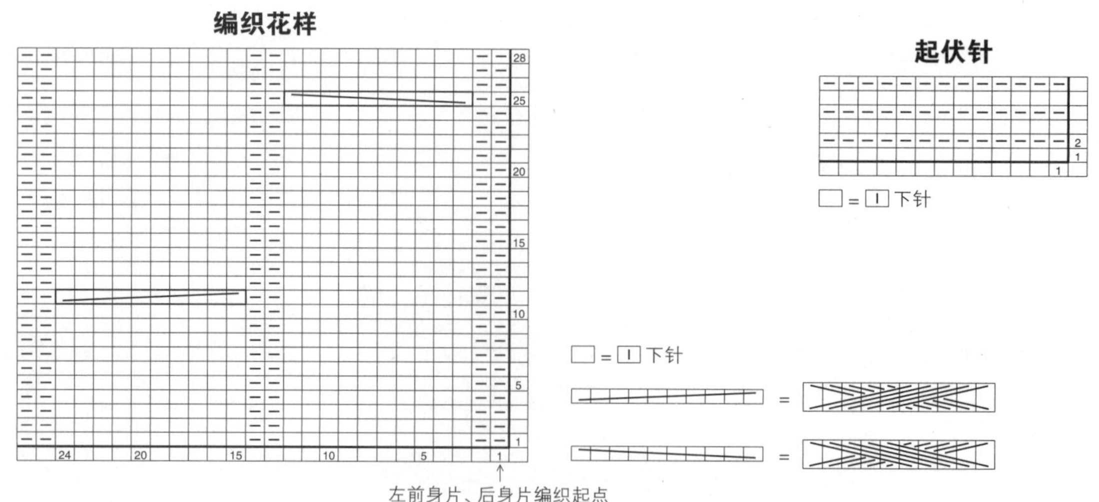

右前身片的编织图

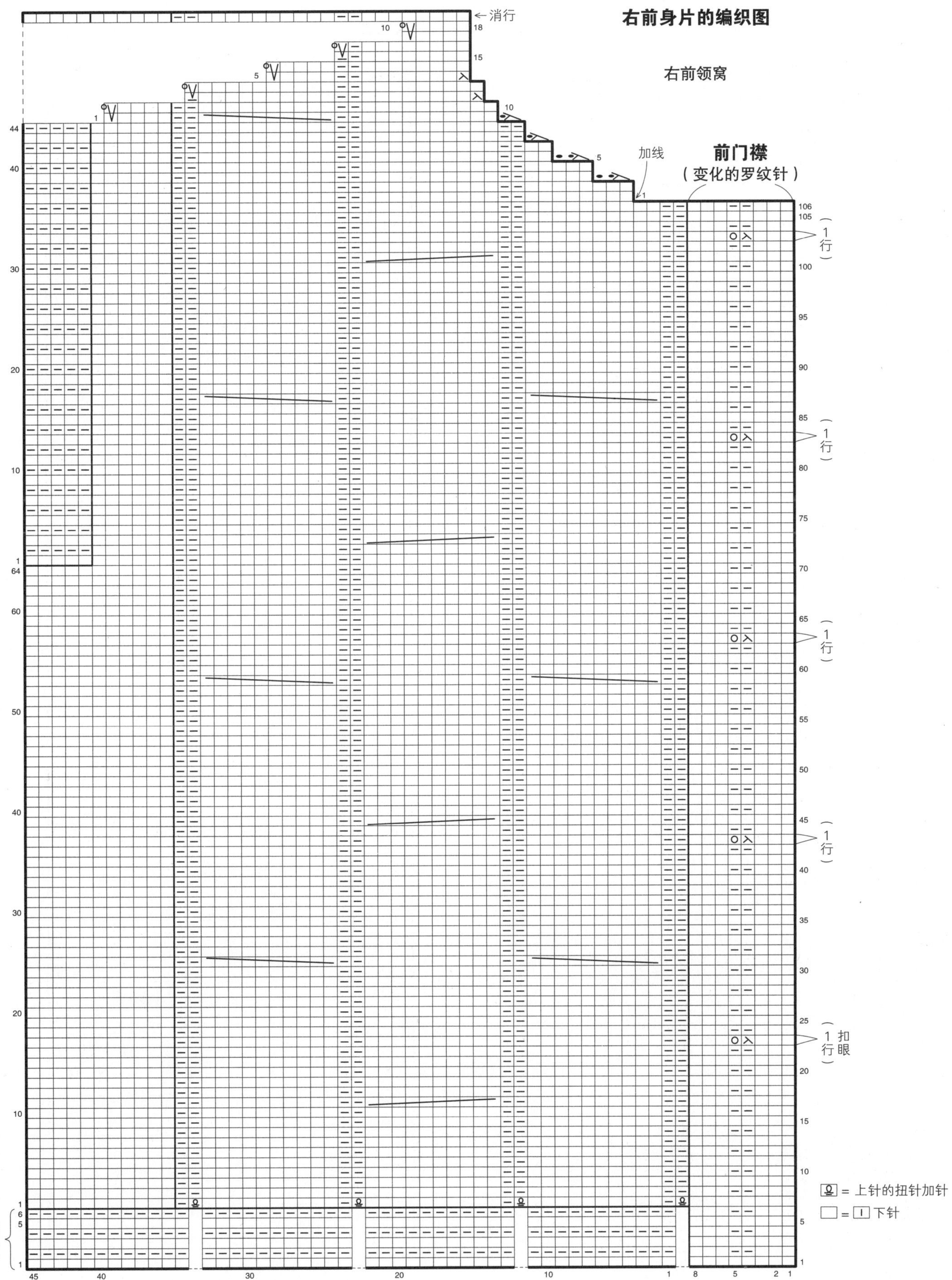

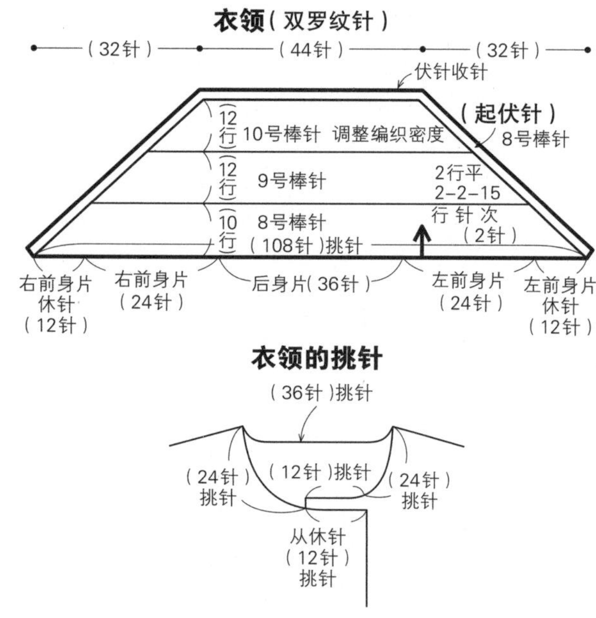
衣领（双罗纹针）
（32针）
（44针）
（32针）
伏针收针
（起伏针）
8号棒针
12行 10号棒针 调整编织密度
12行 9号棒针
2行平
2-2-15
行 针 次
（2针）
10行 8号棒针
（108针）挑针
右前身片
休针
（12针）
右前身片
（24针）
后身片（36针）
左前身片
（24针）
左前身片
休针
（12针）
衣领的挑针
（36针）挑针
（24针）挑针
（12针）挑针
（24针）挑针
从休针
（12针）
挑针
1
2行
15
34行

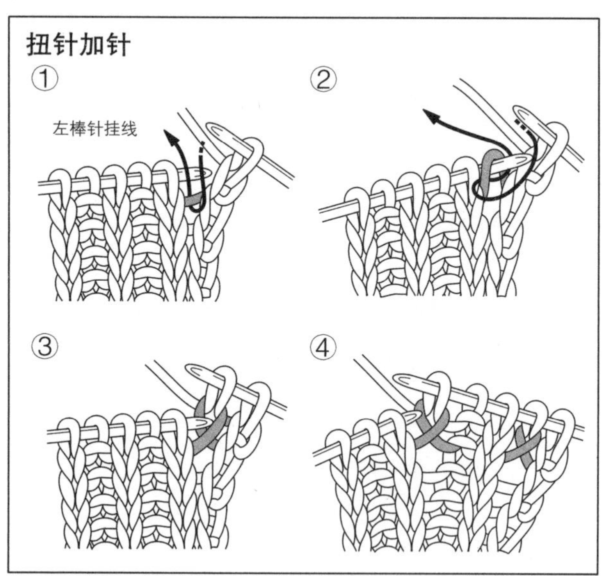
扭针加针
①
左棒针挂线
②
③
④

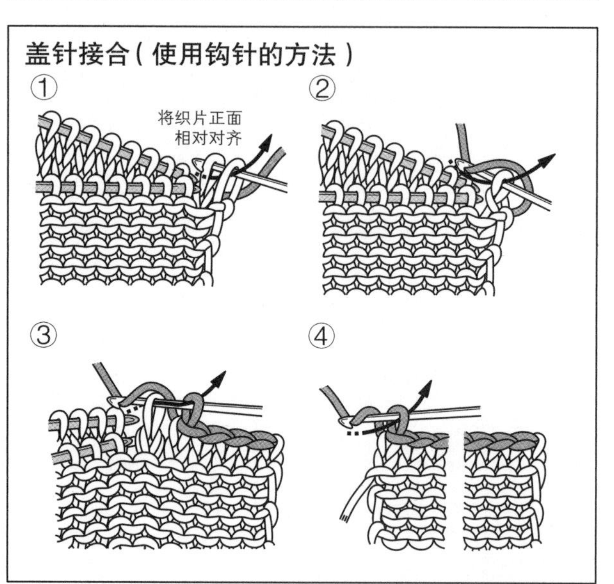
盖针接合（使用钩针的方法）
①
将织片正面
相对对齐
②
③
④

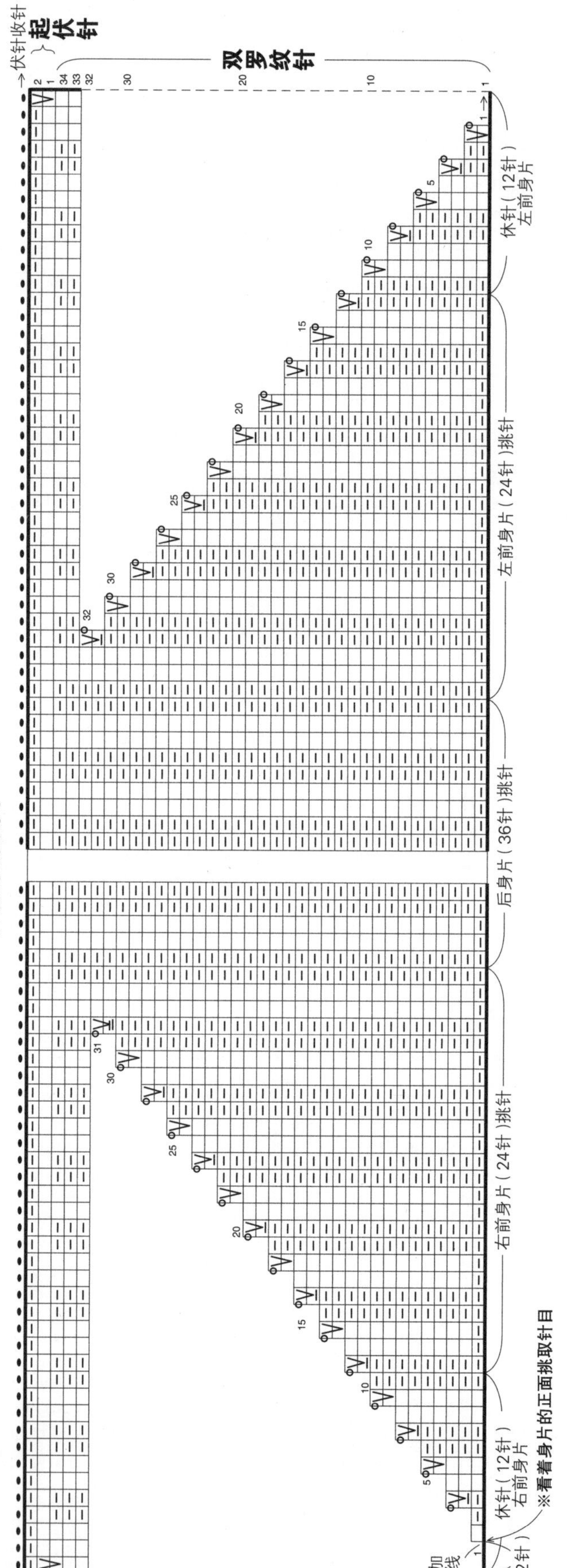
衣领的编织图
伏针收针
起伏针
双罗纹针
休针（12针）左前身片
左前身片（24针）挑针
后身片（36针）挑针
右前身片（24针）挑针
休针（12针）右前身片
加线
（2针）
※看着身片的正面挑取针目

11 | 16页

●**材料** Alpaca Mollis（极粗）原色（902）460g/12团

●**工具** 棒针10号

●**成品尺寸** 胸围102cm，衣长50cm，连肩袖长56cm

●**编织密度** 10cm×10cm面积内：上针编织16针，23行；编织花样20针为9cm，23行为10cm

●**编织要点** **后身片** 手指起针，下摆编织8行双罗纹针。接下来做上针编织。袖窿加针时，在1针内侧编织扭针加针，领窝处减针时编织伏针减针。肩部做引返编织，针目休针备用。**前身片** 与后身片使用同样的方法起针，两胁做上针编织，中央按编织花样编织。领窝处做伏针减针或立起侧边1针减针。**袖** 与身片使用同样的方法起针，组合编织双罗纹针、上针编织，编织终点做伏针收针。**组合** 肩部将前、后身片正面相对做盖针接合，胁、袖下使用毛线缝针做挑针缝合。衣领从前、后领窝上挑取针目，环形编织上针编织，做上针的伏针收针。使用钩针将衣袖引拔接合到身片上。

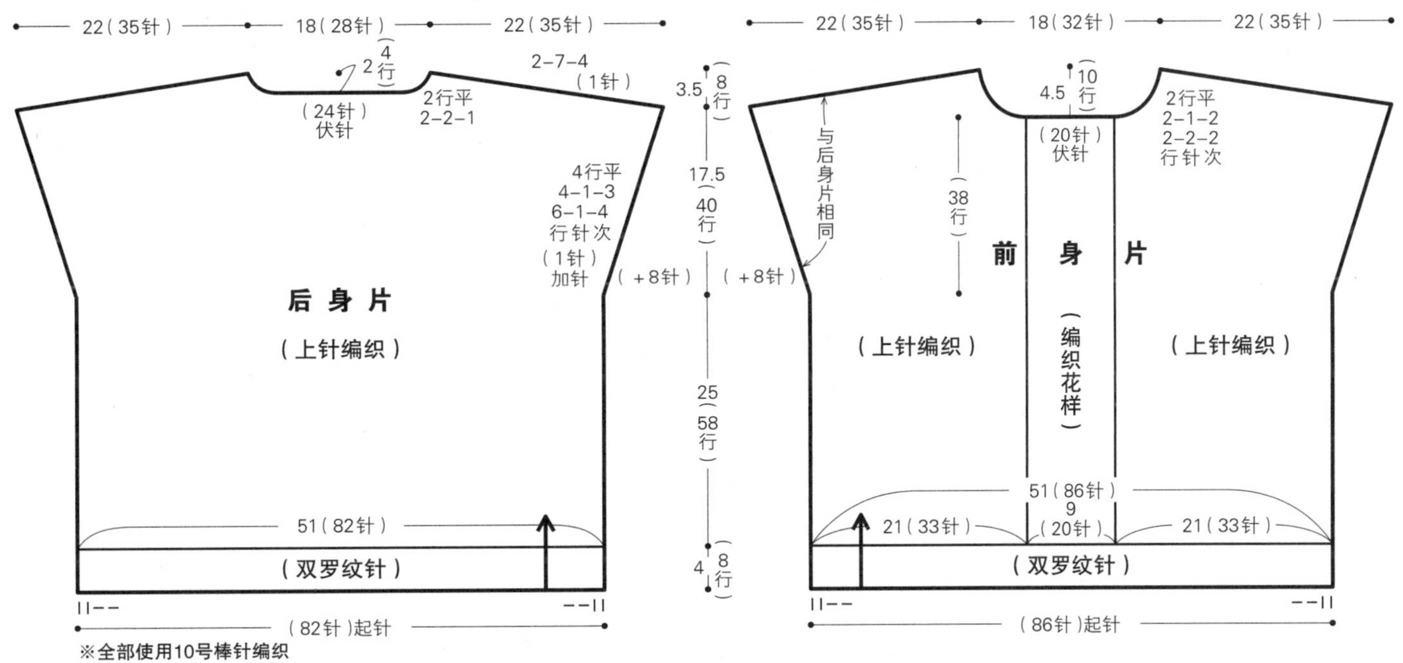

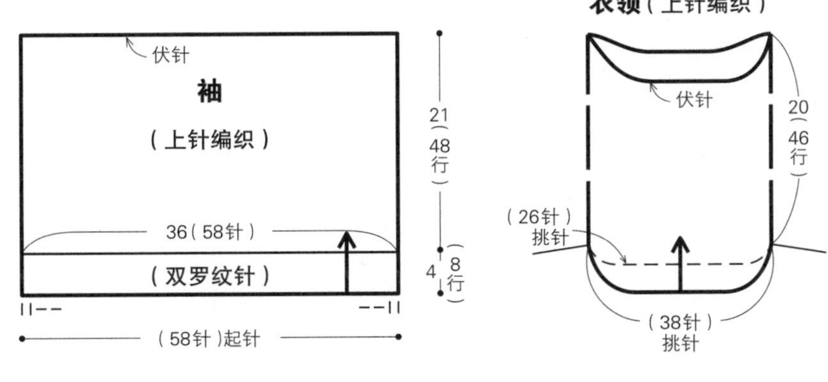

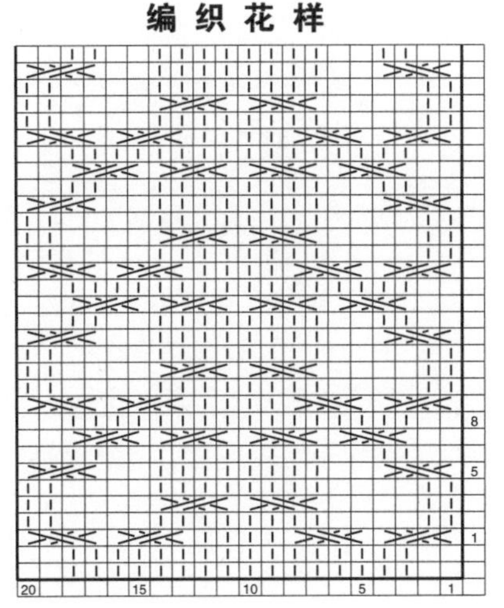

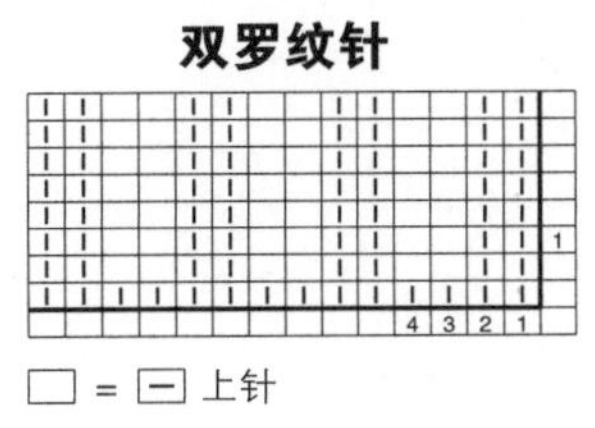

10 | 14页

●**材料** Alba（粗）茶色（1089）400g/10团；直径1.8cm的纽扣8颗

●**工具** 棒针6号、5号

●**成品尺寸** 胸围92cm，肩宽38cm，衣长72.5cm

●**编织密度** 10cm×10cm面积内：编织花样B 26针，32行

●**编织要点** **后身片** 手指起针，下摆侧边开衩高度的36行编织单罗纹针，中央按编织花样A编织。接下来按编织花样B编织。肋部立起侧边1针减针，袖窿、领窝处减针时，做伏针减针或立起侧边1针减针。肩部做引返编织，休针备用。**前身片** 左、右前身片分别与后身片使用同样的方法起针，对称编织2片。**组合** 肩部将前、后身片正面相对做盖针接合。肋部留出开衩的位置，其余部分使用毛线缝针做挑针缝合。衣领从前、后领窝上挑取针目，编织边缘编织，做下针织下针、上针织上针的伏针收针。前门襟编织边缘编织，在右前门襟的指定位置编织扣眼，做下针织下针、上针织上针的伏针收针。袖窿环形编织边缘编织，做下针织下针、上针织上针的伏针收针。在左前门襟钉上纽扣。

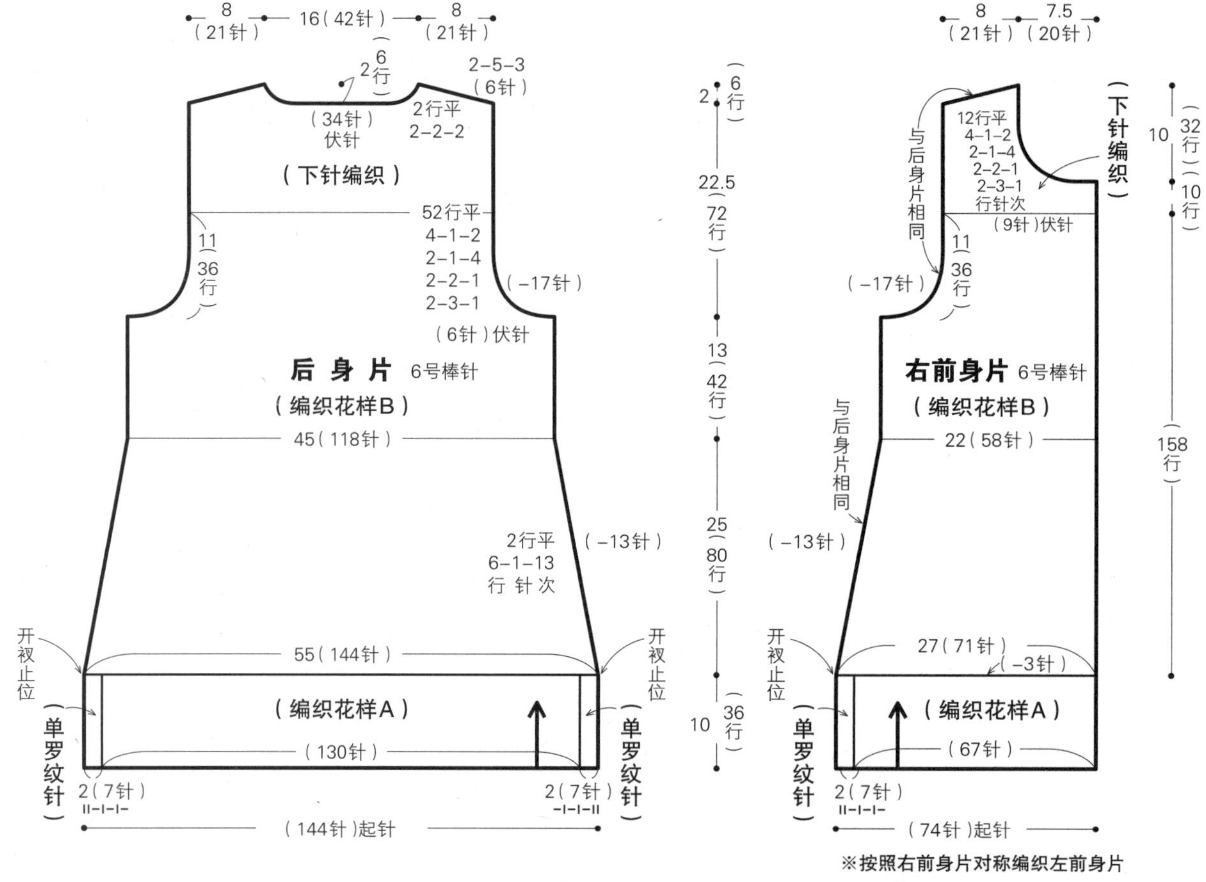

编织花样A

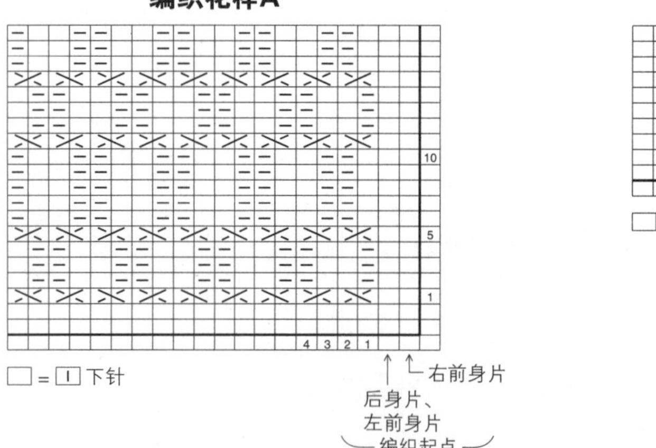

边缘编织

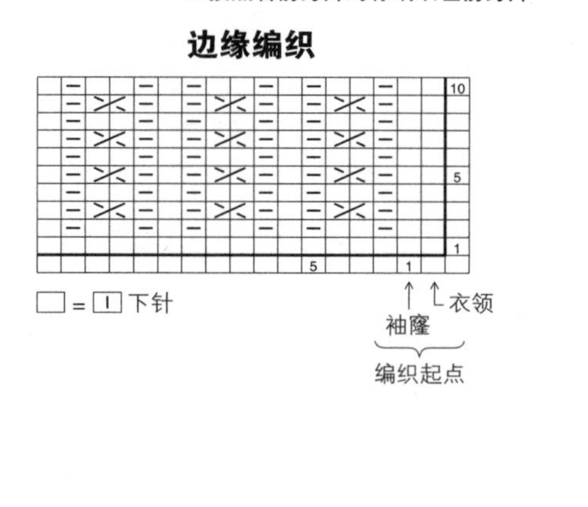

编织花样B

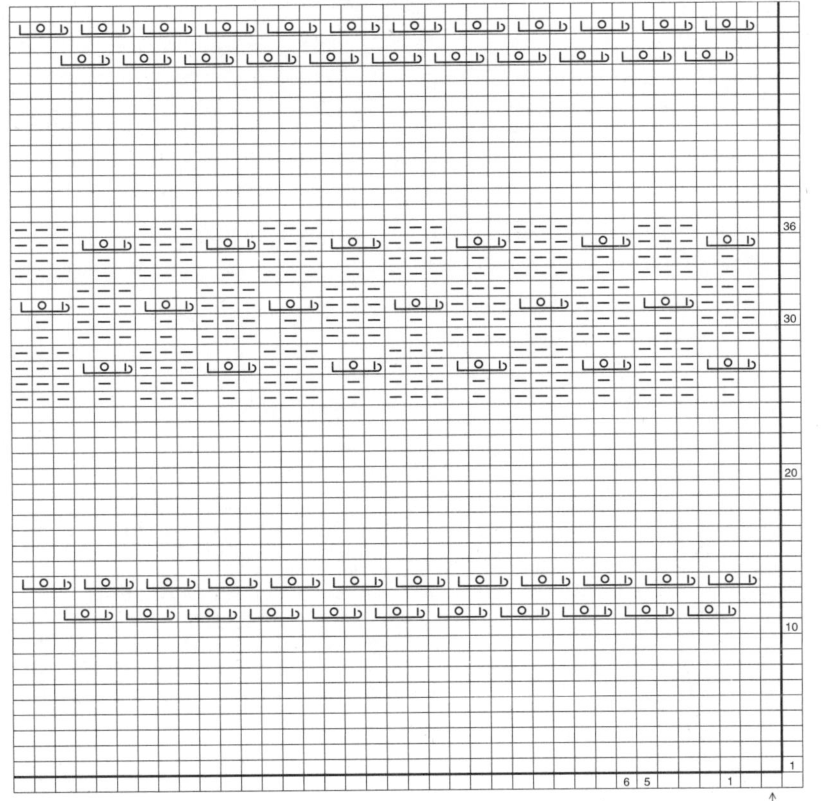

□ = ▯ 下针

后身片和左前身片、右前身片编织起点

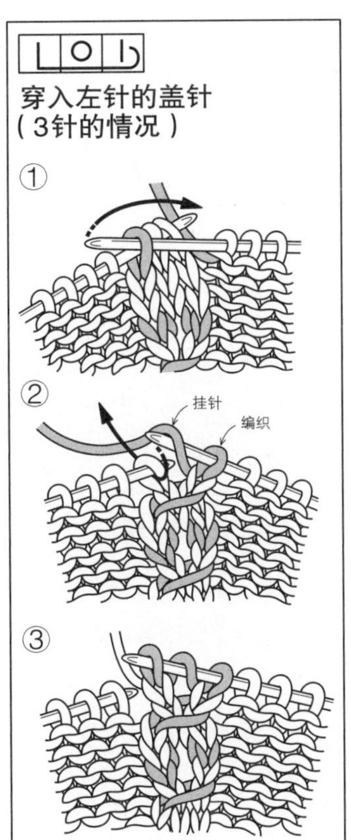

衣领、前门襟、袖窿

（边缘编织）5号棒针

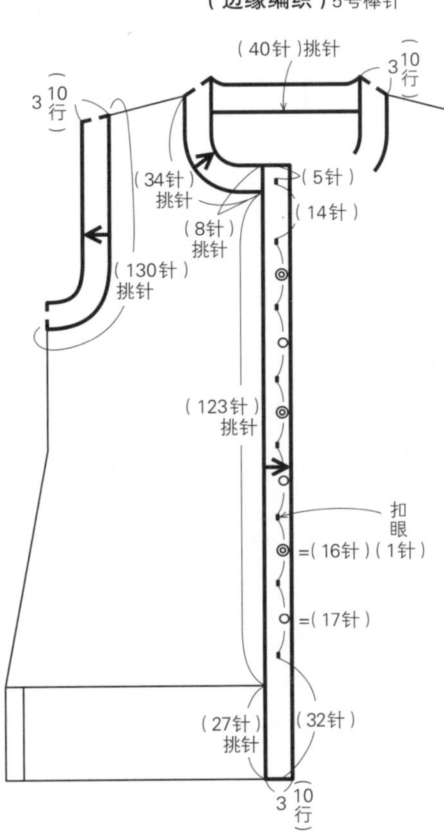

扣眼（右前门襟）

伏针收针

10 5 1

（32针）

（1针）

（17针）

（1针）

（16针）

（1针）

（17针）

（16针）

（1针）

（14针）

（1针）

（5针）

□ = ▯ 下针

15 | 21页

●**材料** Maurice（极粗）卡其色系深浅段染（645）360g/8团；直径2.3cm的纽扣4颗

●**工具** 棒针12号、10号

●**成品尺寸** 胸围92cm，衣长54cm，连肩袖长27cm

●**编织密度** 10cm×10cm面积内：下针编织15针，20行

●**编织要点** **后身片** 手指起针，编织22行起伏针。在下针编织的第1行，两肋起1针卷针作为缝份，成为70针。将肋部的高度编织完成，袖口参照图示，一边编织起伏针加针一边编织。领窝处做伏针减针或立起侧边1针减针。肩部做引返编织，休针备用。**前身片** 与后身片使用同样的方法起针，编织42行后，右前身片的32针休针，参照图示先编织左前身片。右前身片从左前门襟的6针和休针上挑取针目，参照图示在前门襟的指定位置编织扣眼。**组合** 肩部做盖针接合，肋部留出开衩的位置，其余部分使用毛线缝针做挑针缝合。衣领从前、后领窝上挑取针目，组合编织下针编织和起伏针，做上针的伏针收针。在左前门襟钉上纽扣。

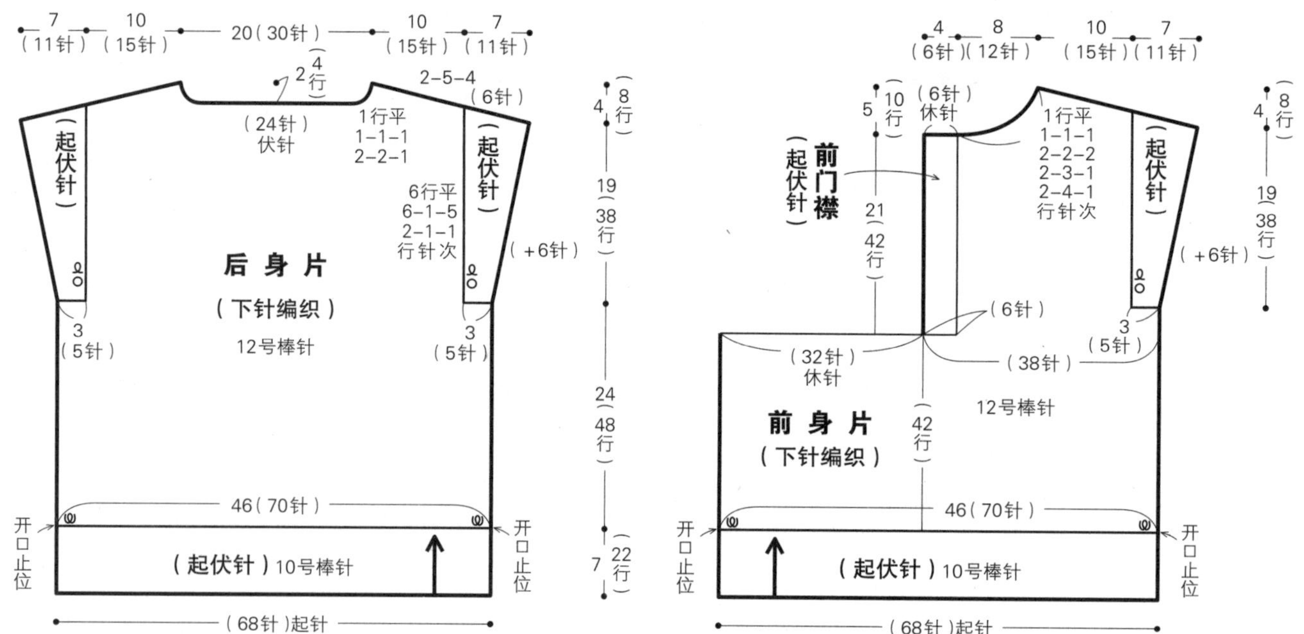

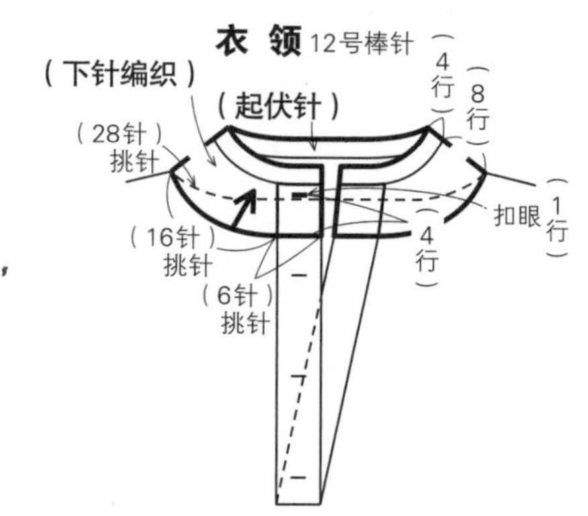

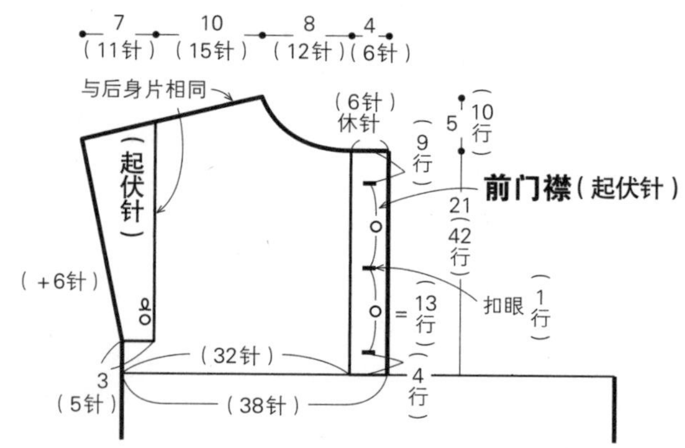

挂针及扭针加针
右侧
①
编织1针，做挂针。
②
在下一行，将挂针扭一下再编织。
③
完成。
左侧
①
挂针从后向前挂线。
②
在下一行，将挂针扭一下再编织。
③
完成。

左前领窝
前门襟
(38针)
□ = ▯ 下针

衣领
上针的伏针收针
右前身片的编织图
消行
加线
前门襟
扣眼
(38针)

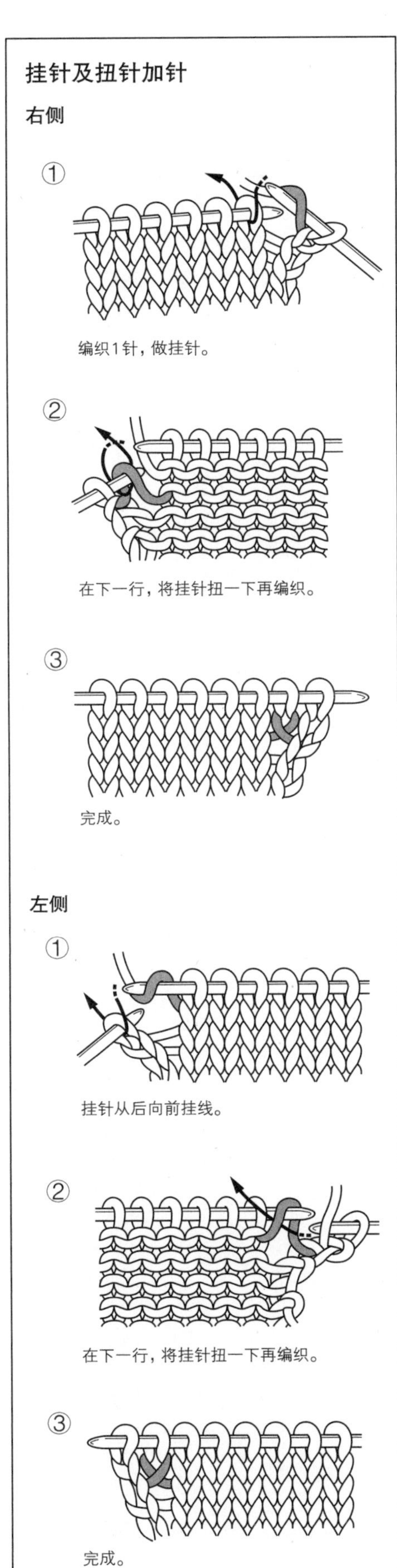

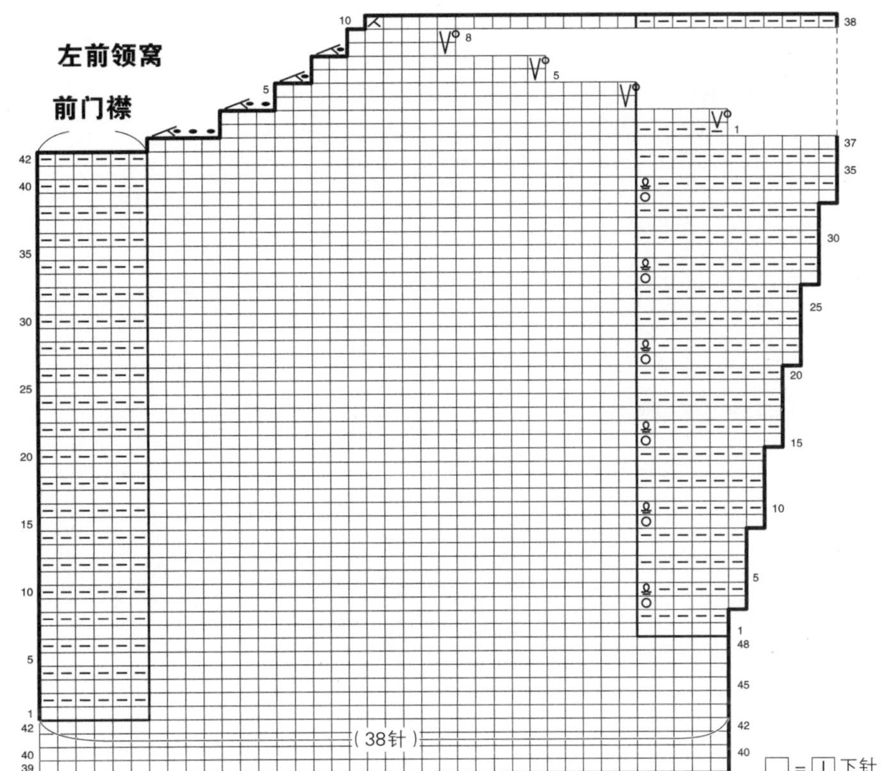

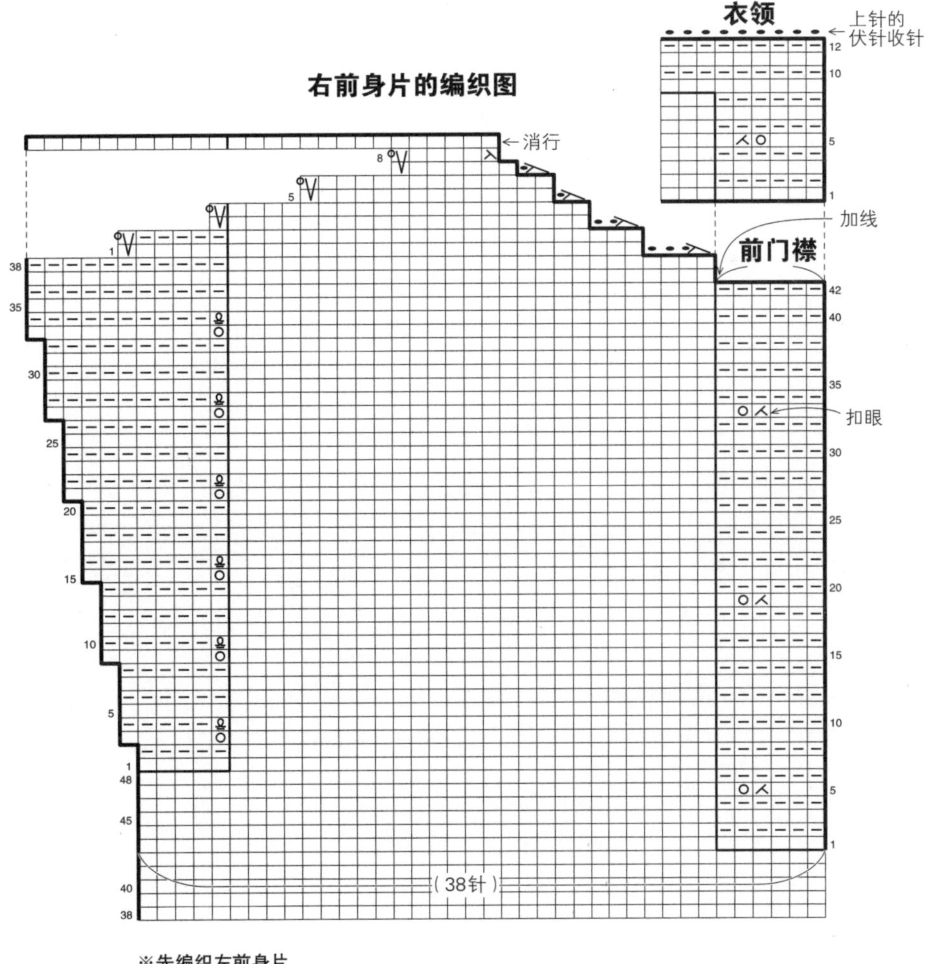

※先编织左前身片

13 | 18页

●**材料**　Mille Colori 200G（中粗）蓝色、绿色、褐色多色混合的段染（88）470g/3团（使用编织作品13剩下的线可以编织作品24的贝雷帽），直径3cm的纽扣1颗

●**工具**　棒针8号

●**成品尺寸**　胸围106cm，衣长47cm，连肩袖长59.5cm

●**编织密度**　10cm×10cm面积内：起伏针16针，30行

●**编织要点**　**育克**　另线锁针起针，从领部开始按编织花样编织。参照图示，在插肩袖窿的左右加针。最后的针目休针备用。**前、后身片**　从育克的休针以及腋下的10针另线锁针起针上挑取针目。等针直编90行起伏针。编织终点做伏针收针。**袖**　从育克的休针以及拆开的腋下的另线锁针上挑取针目，等针直编96行起伏针，做伏针收针。**组合**　衣领拆开育克的另线锁针起针挑取针目，编织16行起伏针，注意要在右领的指定位置编织扣眼，编织终点做伏针收针。在左领钉上纽扣。

衣领（起伏针）

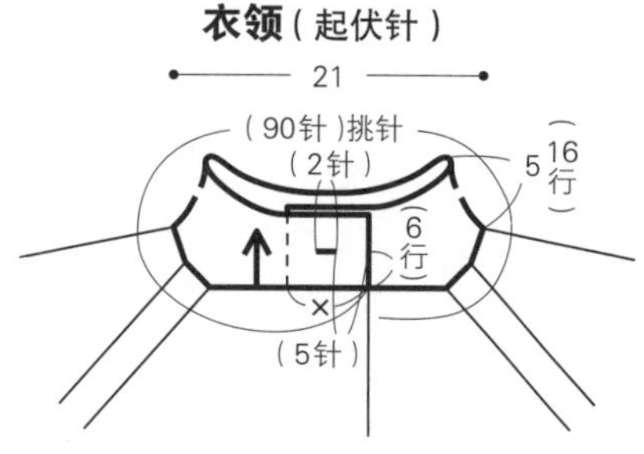

扣眼（衣领）

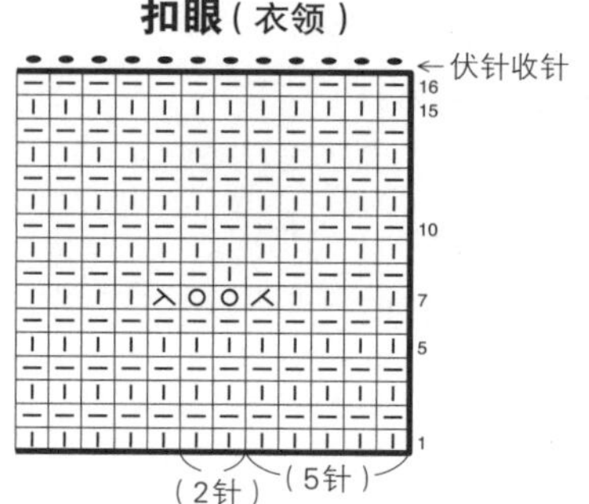

编织花样

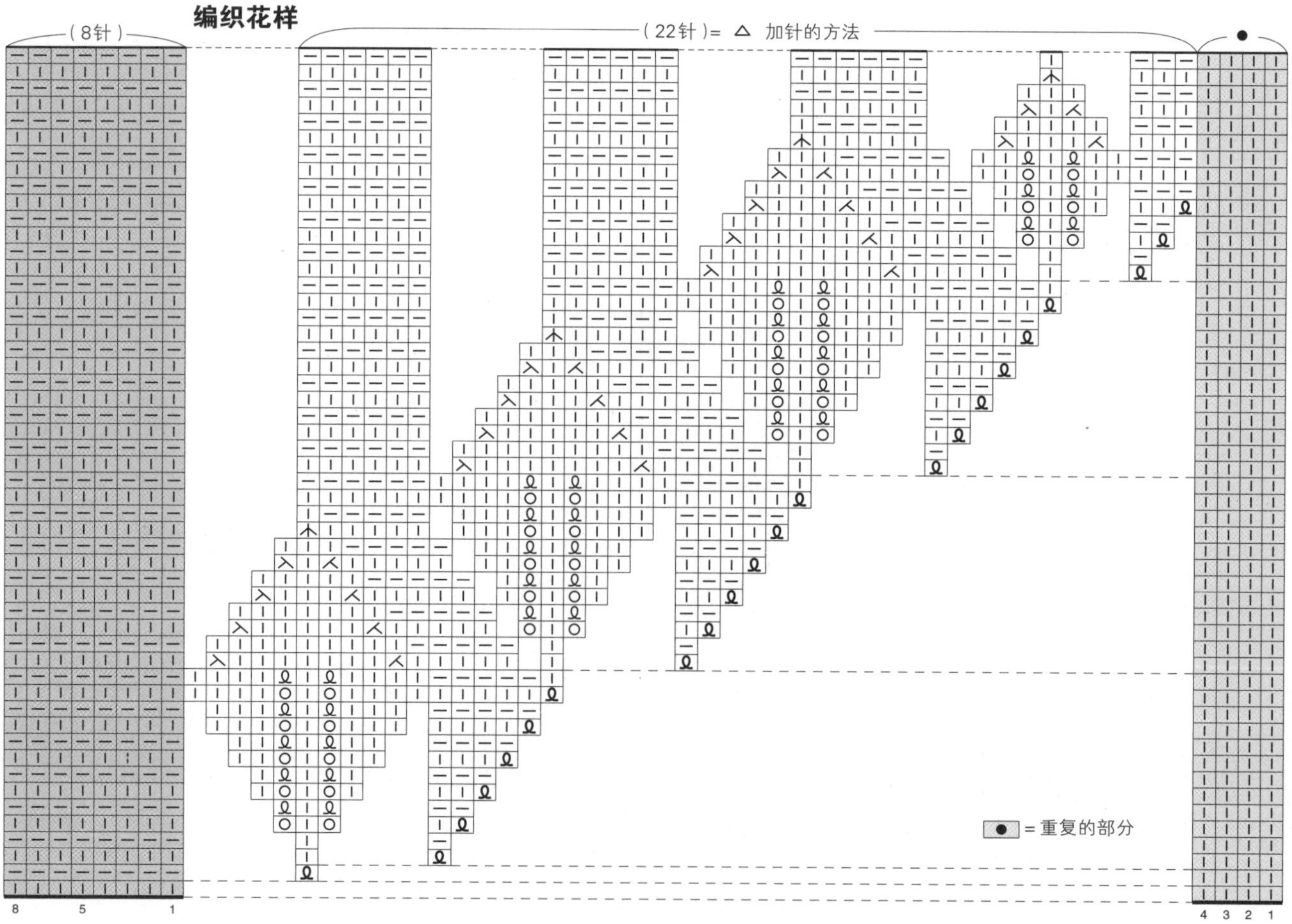

（8针）

（22针）＝ △ 加针的方法

●

● ＝重复的部分

8　5　1

4　3　2　1

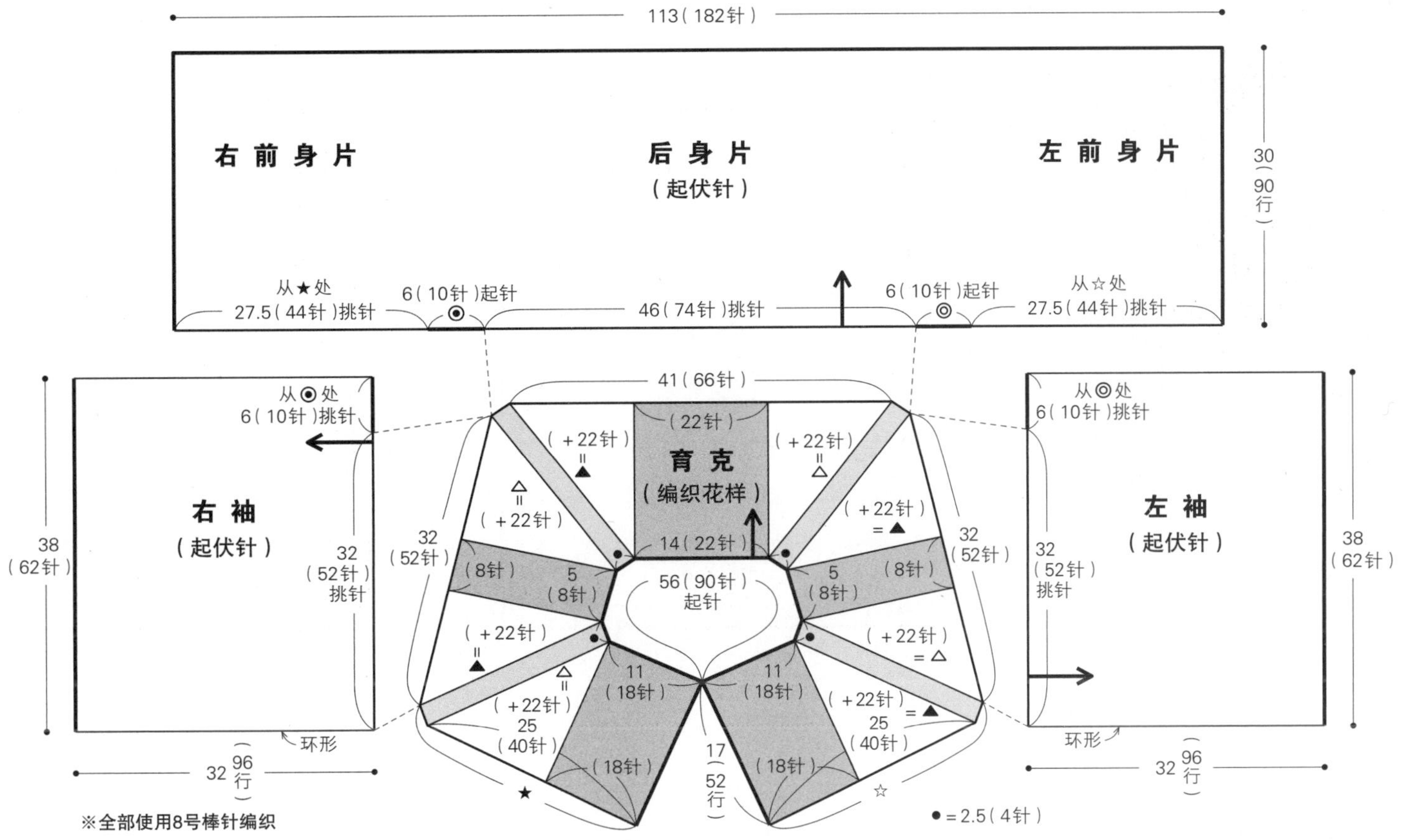

113（182针）

右前身片

后身片

（起伏针）

左前身片

30（90行）

从★处 27.5（44针）挑针

6（10针）起针

46（74针）挑针

6（10针）起针

从☆处 27.5（44针）挑针

41（66针）

从◉处 6（10针）挑针

从◎处 6（10针）挑针

右袖

（起伏针）

38（62针）

32（52针）挑针

（22针）

育克

（编织花样）

14（22针）

（+22针）

（+22针）

32（52针）

32（52针）

（8针）

5（8针）

56（90针）起针

5（8针）

（8针）

11（18针）

11（18针）

（+22针）

（+22针）

25（40针）

（18针）

17（52行）

（18针）

25（40针）

左袖

（起伏针）

32（52针）挑针

38（62针）

环形

环形

32 96行

32 96行

●=2.5（4针）

※全部使用8号棒针编织

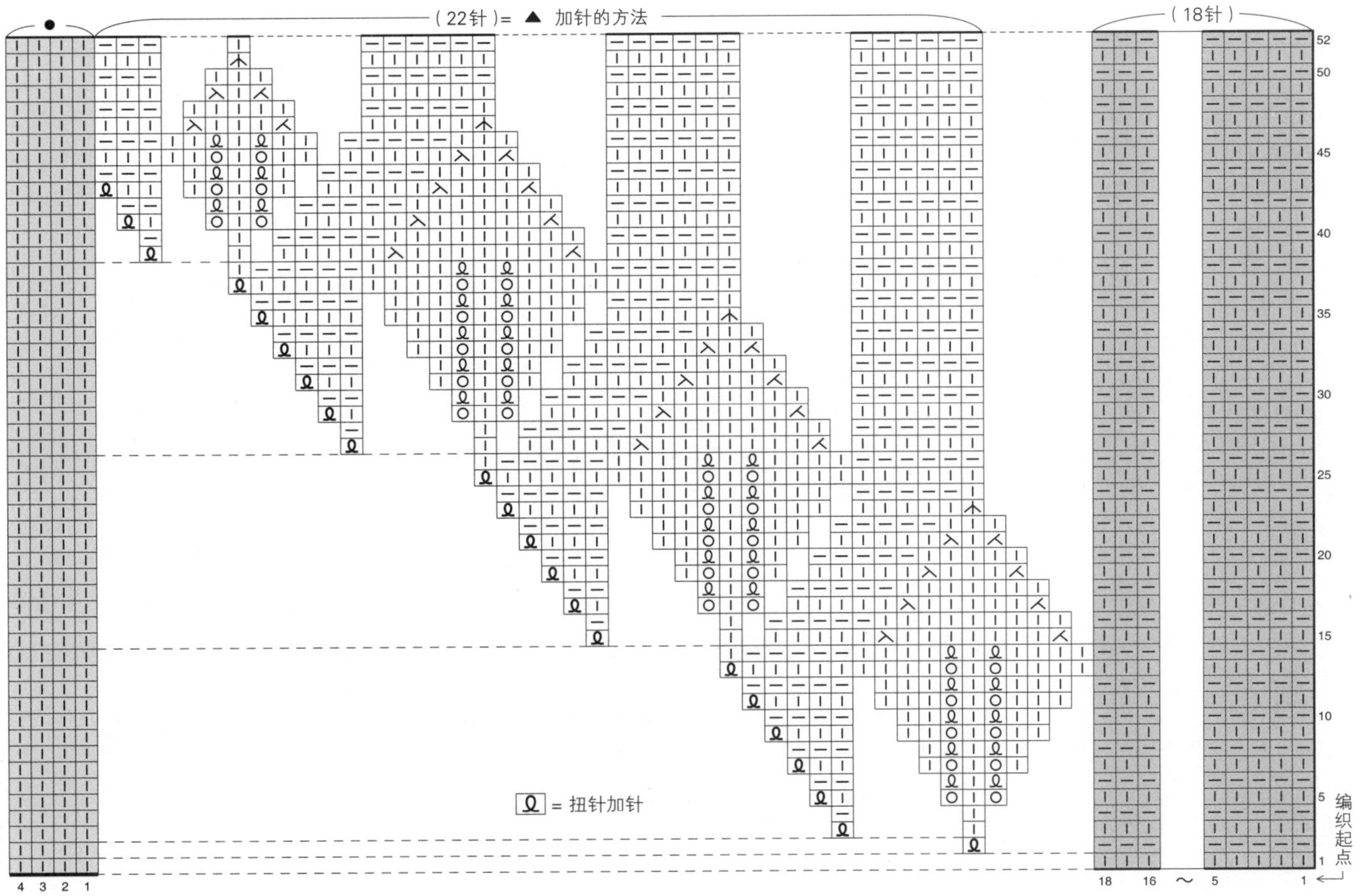

（22针）=▲ 加针的方法

（18针）

Ɋ = 扭针加针

编织起点

14 | 20页

●材料 Lecce（中细）粉色、紫色、绿色系多色混合的段染（415）280g/7团；直径1.5cm的纽扣7颗

●工具 棒针6号、5号

●成品尺寸 胸围96cm，肩宽33cm，衣长53cm，袖长50cm

●编织密度 10cm×10cm面积内：下针编织22针，34行；编织花样26针，34行；变化的罗纹针26.5针，30行

●编织要点 **后身片** 手指起针，编织起伏针后，在两肋做下针编织，中央按编织花样编织。袖窿、领窝处减针时，做伏针减针或立起侧边1针减针。肩部做引返编织，休针备用。**前身片** 与后身片使用同样的方法起针，前门襟编织起伏针，同时在右前门襟的指定位置编织扣眼。**袖** 与身片使用同样的方法起针，袖下加针时，在1针内侧编织扭针加针。**组合** 肩部做盖针接合，肋、袖下使用毛线缝针做挑针缝合。使用钩针将衣袖引拔接合到身片上，在左前门襟钉上纽扣。

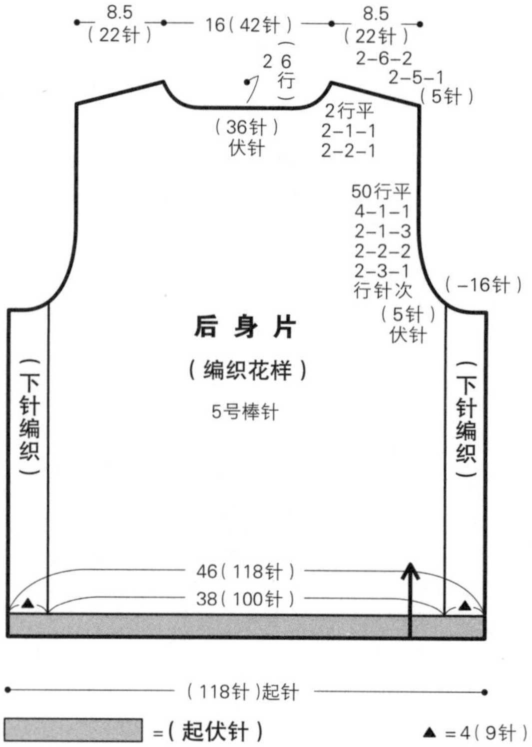

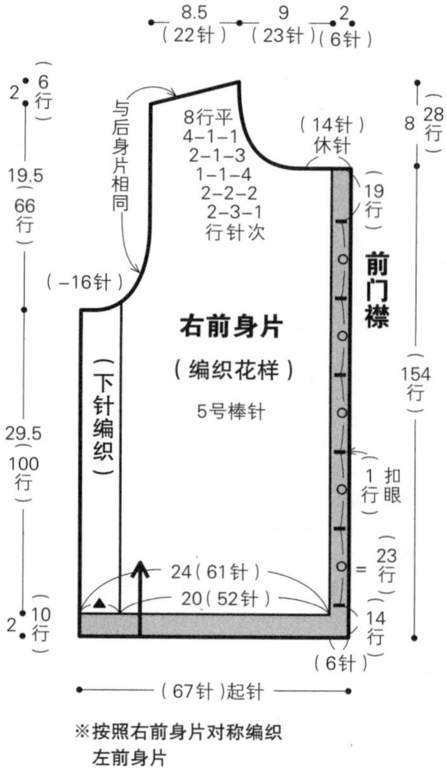

8.5（22针） 16（42针） 8.5（22针）
2（6行） 2-6-2 2-5-1（5针）
（36针）伏针 2行平 2-1-1 2-2-1
50行平 4-1-1 2-1-3 2-2-2 2-3-1 行针次
（-16针） （5针）伏针
后身片
（编织花样）
5号棒针
（下针编织） （下针编织）
46（118针）
38（100针）
（118针）起针
2（6行） 19.5（66行） 29.5（100行） 2（10行）
=（起伏针） ▲=4（9针）

8.5（22针） 9（23针） 2（6针）
与后身片相同
8行平 4-1-1 2-1-3 1-1-4 2-2-2 2-3-1 行针次
（14针）休针
8（28行） 19行
（-16针）
右前身片
（编织花样）
5号棒针
（下针编织）
前门襟
154行 1行扣眼 23行 14行 （6针）
24（61针）
20（52针）
（67针）起针
※按照右前身片对称编织左前身片

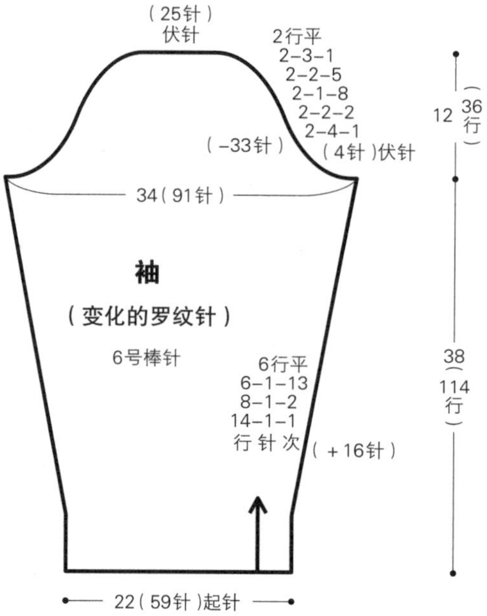

（25针）伏针
2行平 2-3-1 2-2-5 2-1-8 2-2-2 2-4-1 （4针）伏针
（-33针）
34（91针）
12（36行）
袖
（变化的罗纹针）
6号棒针
6行平 6-1-13 8-1-2 14-1-1 行针次
（+16针）
38（114行）
22（59针）起针

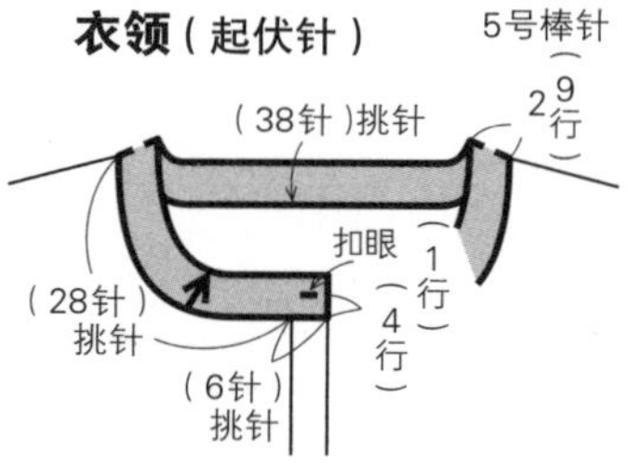

衣领（起伏针） 5号棒针
（38针）挑针 2（9行）
扣眼 1行 4行
（28针）挑针
（6针）挑针

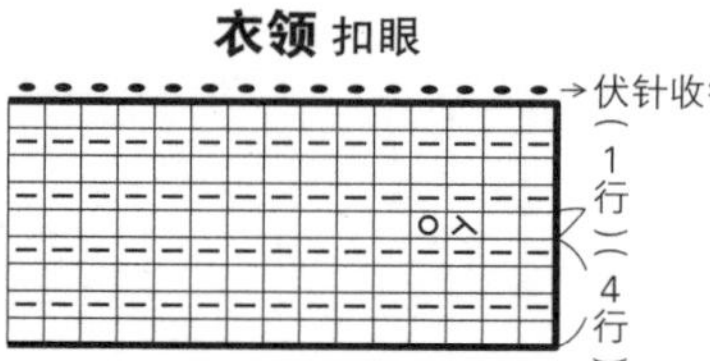

衣领 扣眼
伏针收针
1行
4行

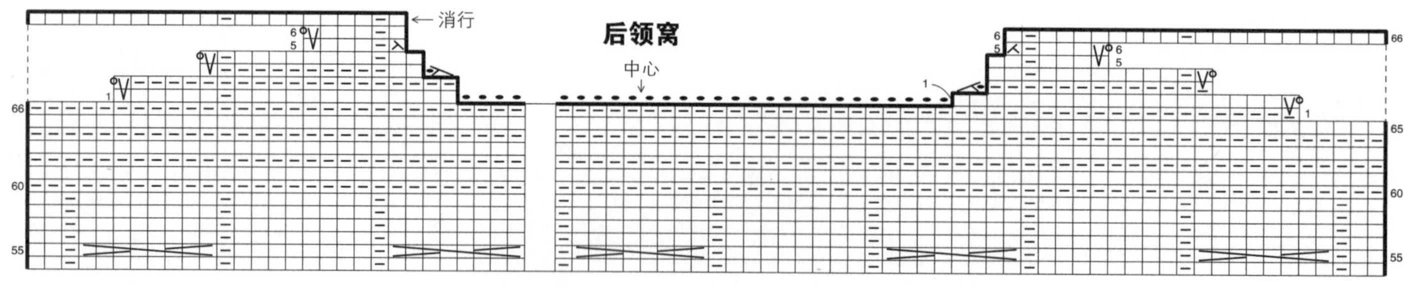

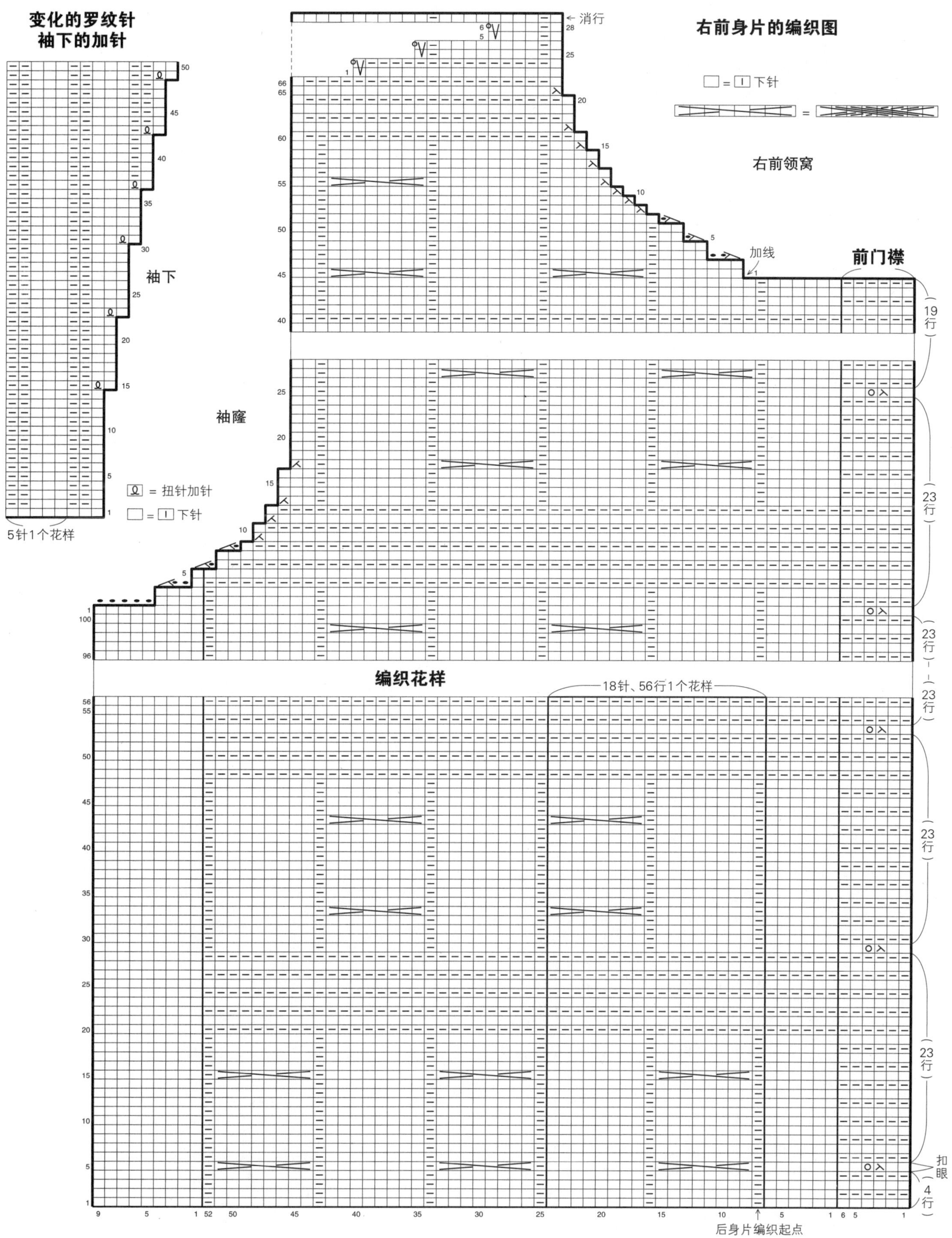

变化的罗纹针
袖下的加针
袖下
袖窿
= 扭针加针
= 下针
5针1个花样
右前身片的编织图
= 下针
消行
右前领窝
加线
前门襟
19行
23行
23行
23行
23行
23行
扣眼
4行
编织花样
18针、56行1个花样
后身片编织起点

16 | 23页

●材料　Soft Douegal（中粗）黄绿色（5250）240g/6团

●工具　棒针9号、8号

●成品尺寸　胸围92cm，肩宽40cm，后身片长57.5cm，前身片长51.5cm

●编织密度　10cm×10cm面积内：下针编织16针，24行；编织花样21针，24行

●编织要点　**后身片**　手指起针，下摆编织单罗纹针，接下来做下针编织。袖窿参照图示在单罗纹针的内侧做减针编织。肩部做引返编织，休针备用。**前身片**　与后身片使用同样的方法起针，编织单罗纹针，接下来组合编织上针编织和编织花样，注意要在图中的指定位置加针编织。领窝的中心休针，除此以外做伏针减针或立起侧边1针减针。**组合**　肩部将前、后身片正面相对做盖针接合，胁使用毛线缝针做挑针缝合。衣领从前、后领窝上挑取针目，连接成环形，编织单罗纹针。编织时，要及时调整棒针号数，以调整编织密度。编织终点，做下针织下针、上针织上针的伏针收针。

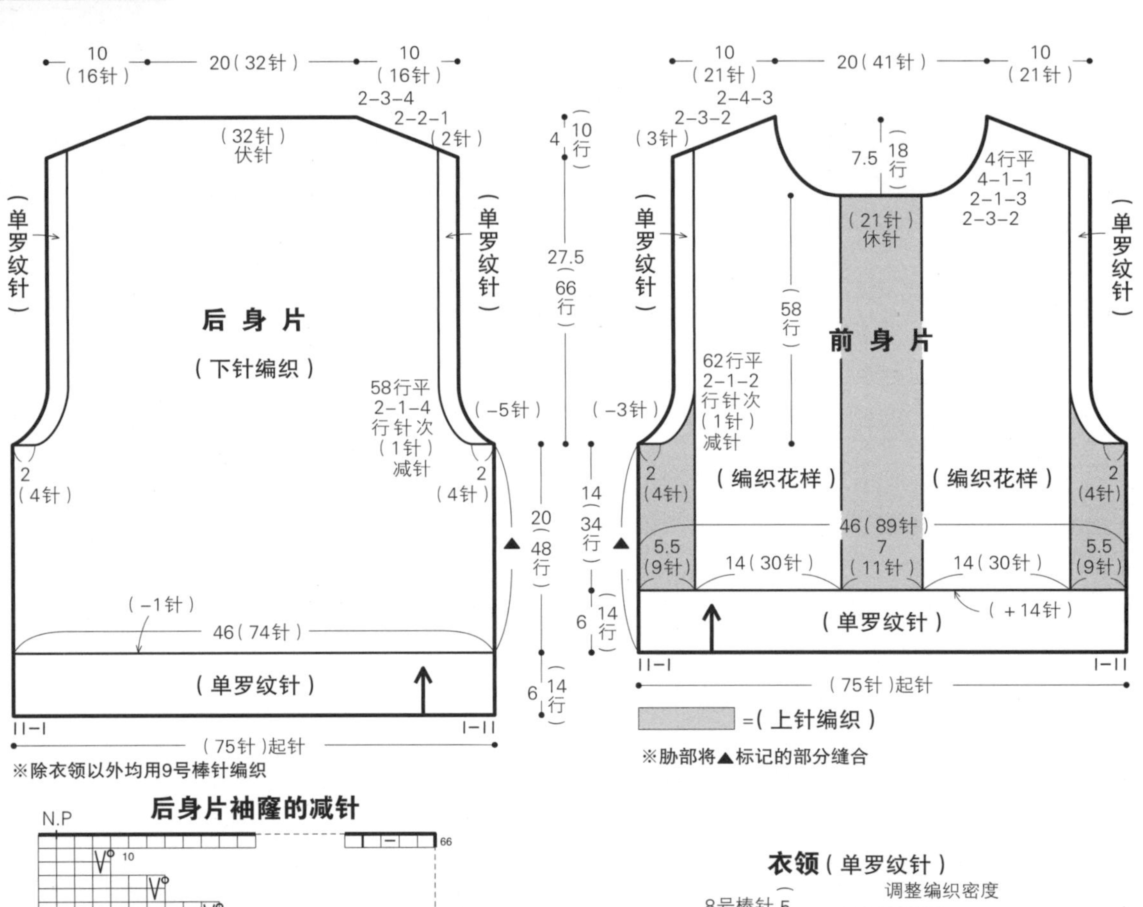

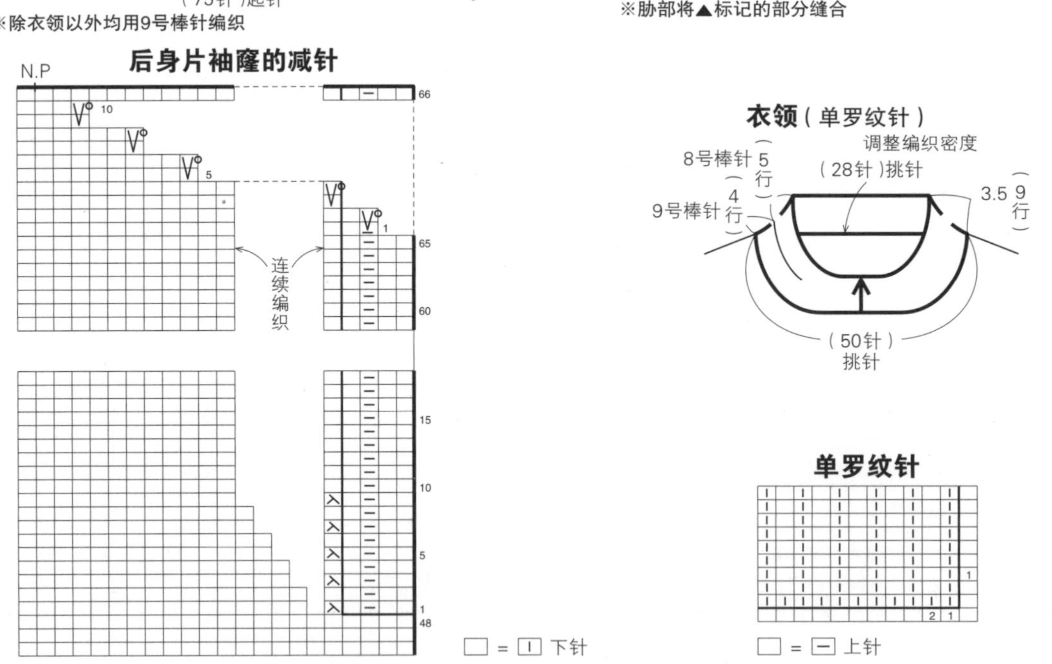

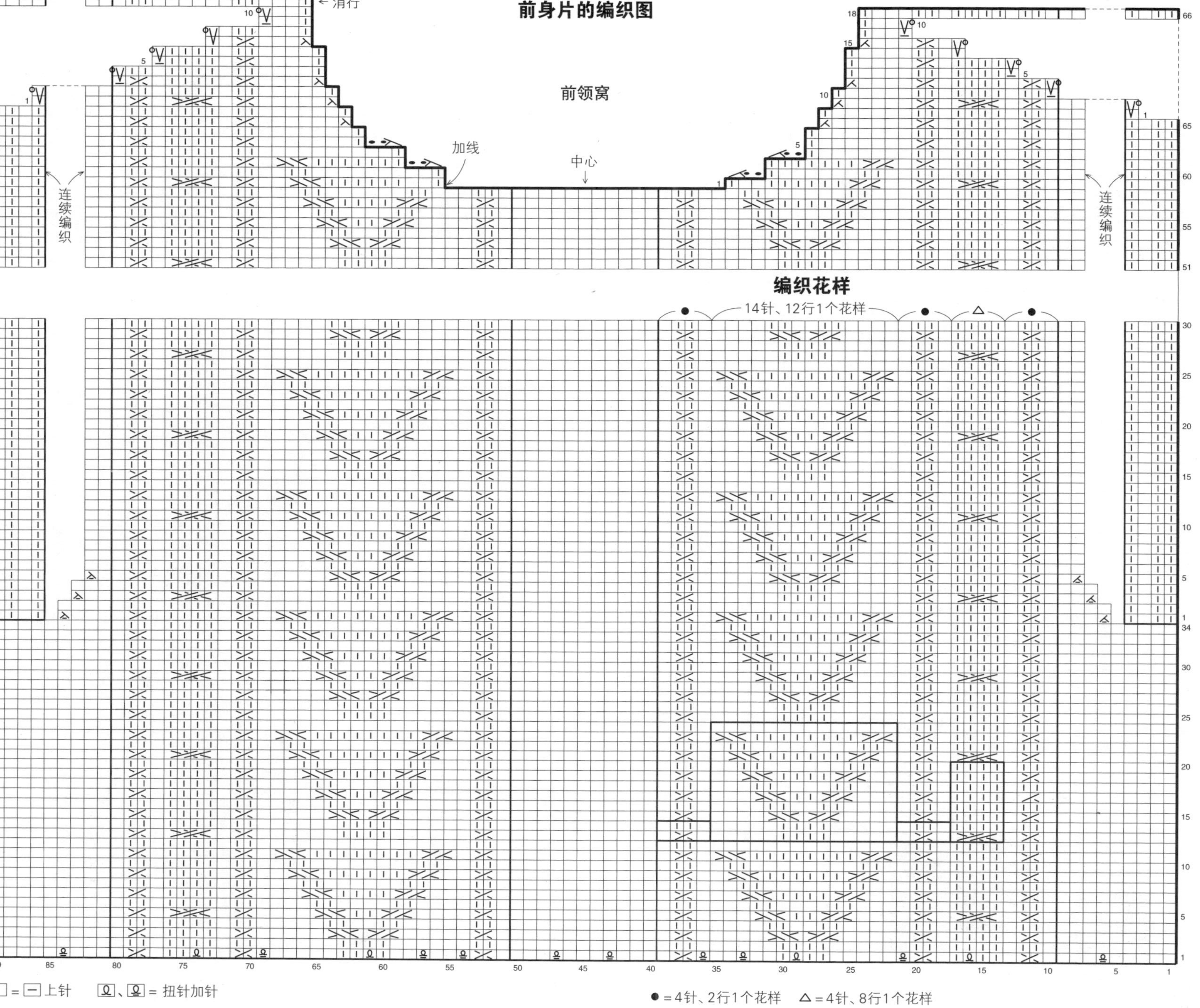
前身片的编织图
前领窝
消行
加线
中心
连续编织
连续编织
编织花样
14针、12行1个花样
□=□上针　Ω、Ω=扭针加针
●=4针、2行1个花样　△=4针、8行1个花样

18 | 26页

●材料 British Fine（中细）玫红色（068）240g/10团；直径1.5cm的纽扣7颗

●工具 棒针5号

●成品尺寸 胸围91cm，肩宽33cm，衣长52cm，袖长51.5cm

●编织密度 10cm×10cm面积内：下针编织24针，32行；编织花样28针，32行

●编织要点 **后身片** 手指起针，编织10行边缘编织。接下来两肋做下针编织，中央按编织花样编织。袖窿、领窝处减针时，做伏针减针或立起侧边1针减针。肩部做引返编织，休针备用。**前身片** 与后身片使用相同的方法起针，参照图示，领窝中心的针目休针备用。对称编织2片。**袖** 与身片使用同样的方法起针，袖下加针时，在1针内侧编织扭针加针。**组合** 肩部将前、后身片正面相对做盖针接合，肋、袖下使用毛线缝针做挑针缝合。衣领从前、后领窝上挑取针目，编织单罗纹针，在右前门襟的指定位置编织扣眼，做单罗纹针收针。使用钩针将衣袖引拔接合到身片上。在左前门襟钉上纽扣。

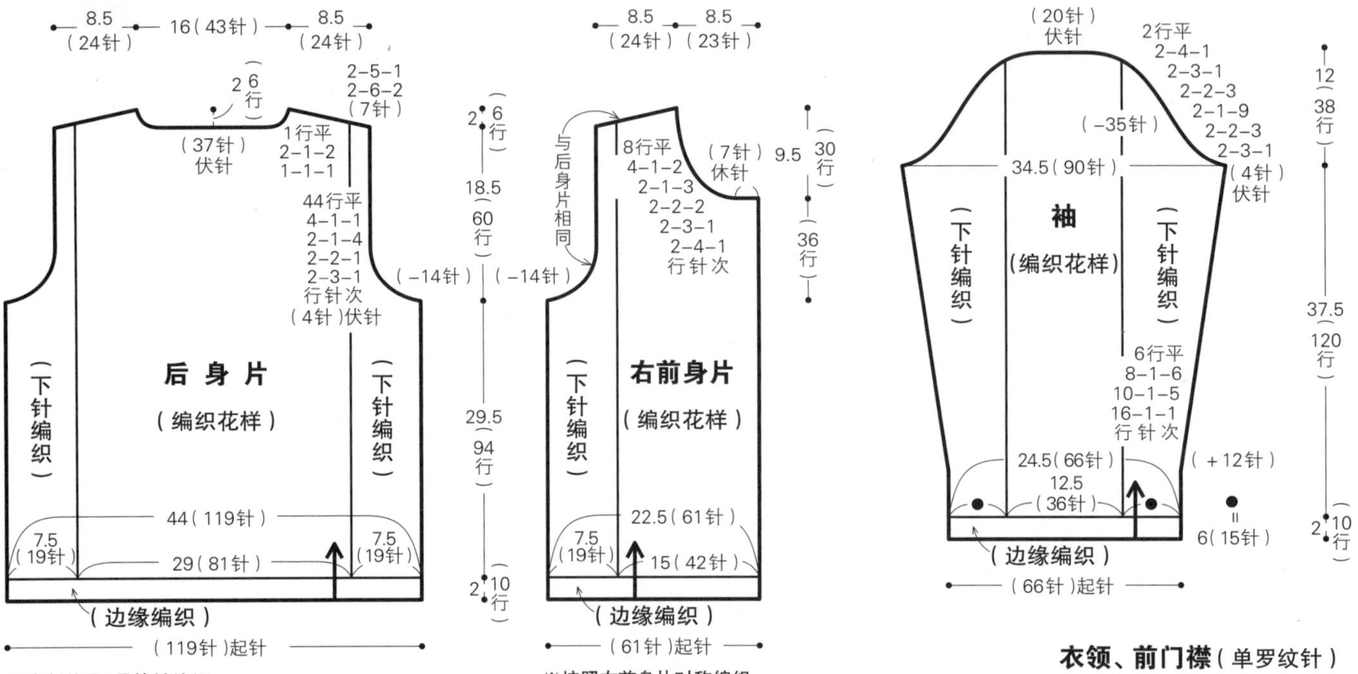

后身片（编织花样）

8.5（24针） 16（43针） 8.5（24针）

2 6行　（37针）伏针　2-5-1　2-6-2（7针）

1行平　2-1-2　1-1-1

44行平　4-1-1　2-1-4　2-2-1　2-3-1　行针次　（4针）伏针

（下针编织）　（下针编织）

44（119针）

7.5（19针）　29（81针）　7.5（19针）

（边缘编织）

（119针）起针

2 6行　18.5（60行）　（-14针）　29.5（94行）　2 10行

※全部使用5号棒针编织

右前身片（编织花样）

8.5（24针） 8.5（23针）

与后身片相同

8行平　4-1-2　2-1-3　2-2-2　2-3-1　2-4-1　行针次

（7针）休针

9.5（30行）　（36行）

（-14针）

（下针编织）

22.5（61针）

7.5（19针）　15（42针）

（边缘编织）

（61针）起针

※按照右前身片对称编织左前身片

袖（编织花样）

（20针）伏针

2行平　2-4-1　2-3-1　2-2-3　2-1-9　2-2-3　2-3-1　（4针）伏针

（-35针）

34.5（90针）

（下针编织）　（下针编织）

6行平　8-1-6　10-1-5　16-1-1　行针次

24.5（66针）　（+12针）

12.5（36针）

●=6（15针）

（边缘编织）

（66针）起针

12（38行）　37.5（120行）　2 10行

衣领、前门襟（单罗纹针）

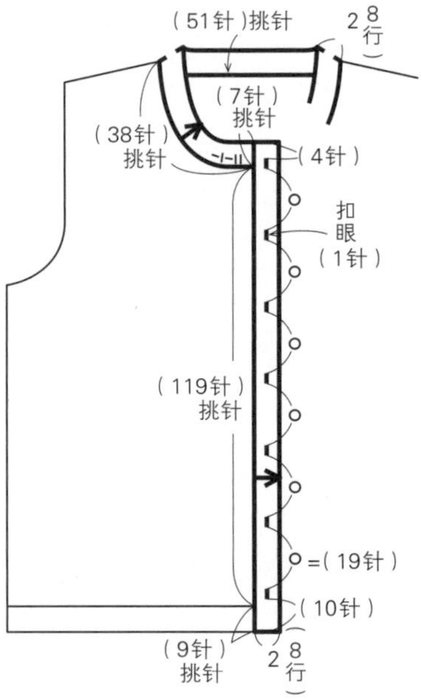

（51针）挑针　2 8行

（7针）挑针

（38针）挑针　（4针）

扣眼（1针）

（119针）挑针

○=（19针）

（10针）

（9针）挑针　2 8行

编织花样

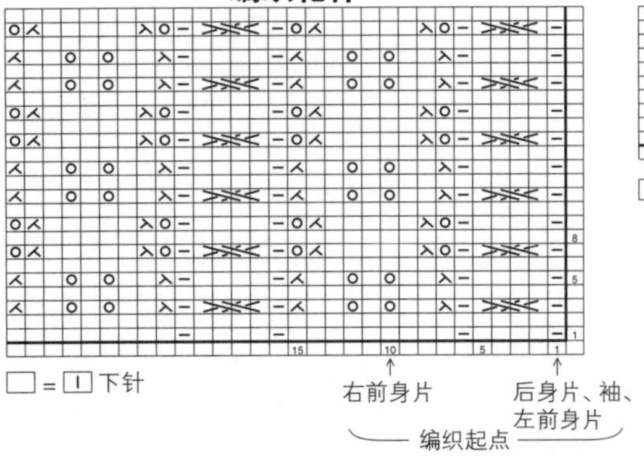

□=▮下针

右前身片　后身片、袖、左前身片

编织起点

边缘编织

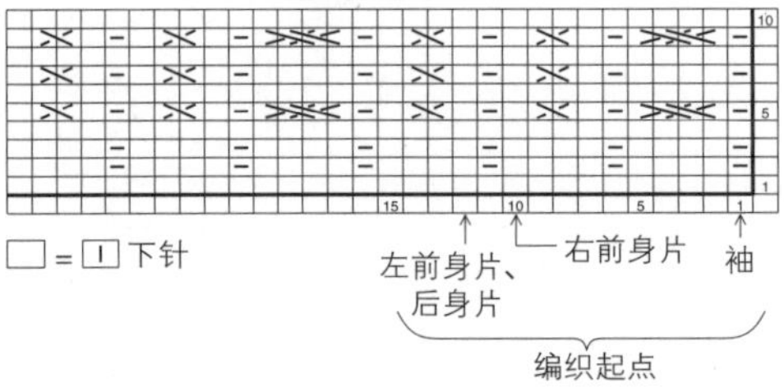

□=▮下针

左前身片、后身片　右前身片　袖

编织起点

扣眼（右前门襟）

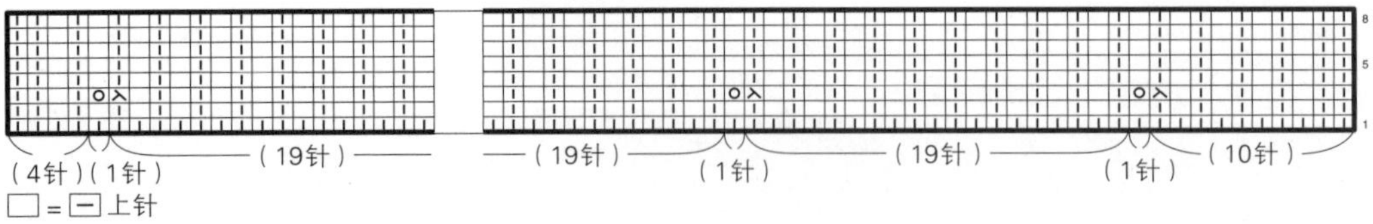

（4针）（1针）（19针）（19针）（1针）（19针）（1针）（10针）

□=⊟上针

右前身片的编织图

右前领窝

←消行
加线
（7针）
休针

左前身片的编织图

左前领窝

（7针）
休针

后身片的编织图

后领窝

←消行
中心

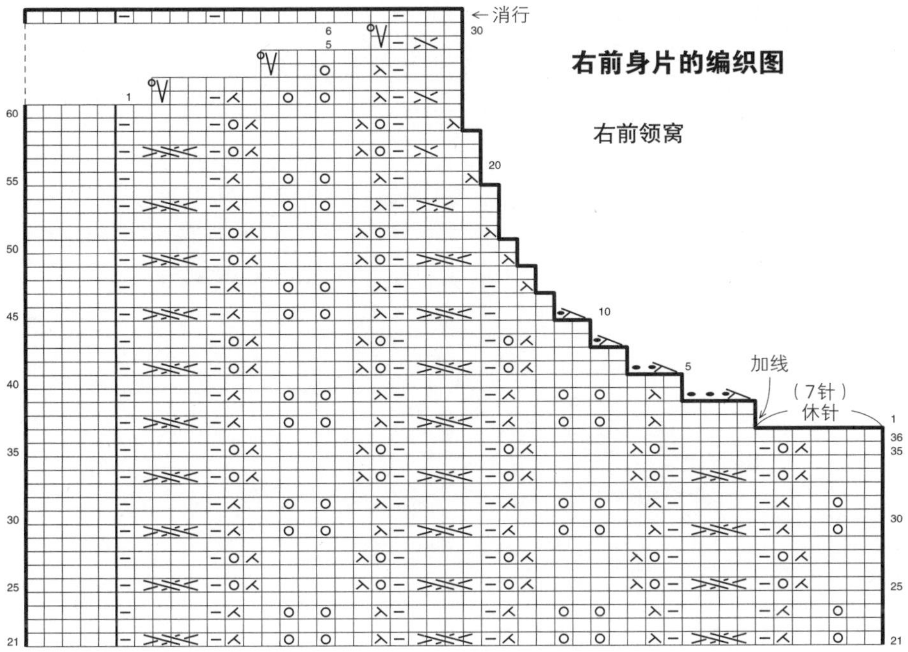

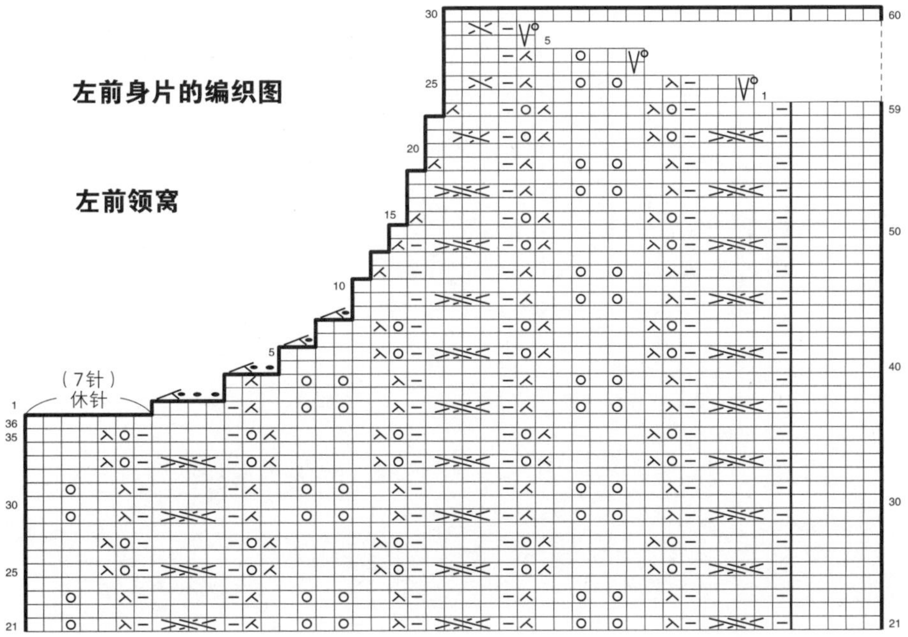

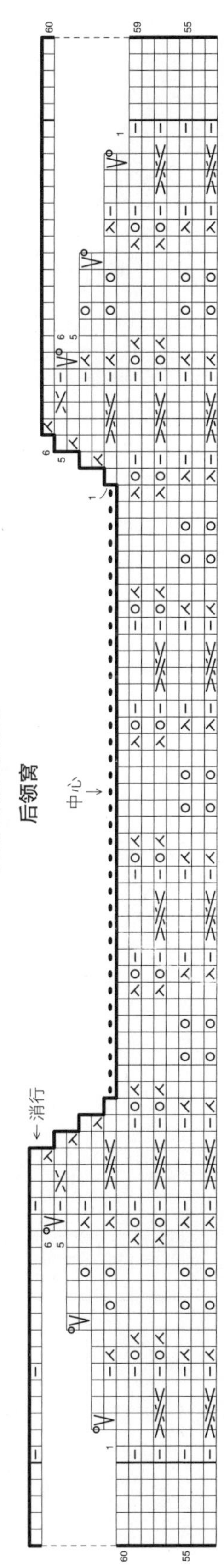

挑针缝合

①
②
③

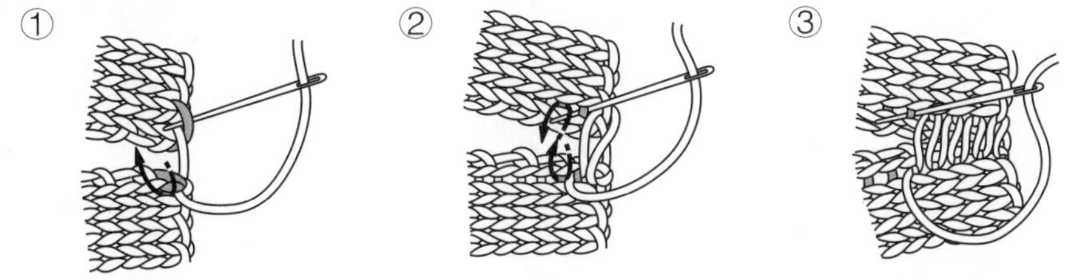

20 | 29页

●**材料** Alba（粗）深绿色（1112）400g/10团

●**工具** 棒针6号

●**成品尺寸** 胸围90cm，衣长51.5cm，连肩袖长64.5cm

●**编织密度** 10cm×10cm面积内：编织花样A 22.5针，31行

●**编织要点** **后身片** 手指起针，从下摆开始按编织花样A编织。袖窿加针时，在边上的1针内侧加针编织。肩部做引返编织，休针备用。衣领开口的针目做伏针收针。**前身片** 与后身片使用相同的方法起针，身片按编织花样A编织，衣领按编织花样B一起编织。衣领的分散加针参见图示。衣领连续编织，休针备用。对称编织2片。**袖** 与身片使用同样的方法起针，袖下加针时，在边上的1针内侧加针编织，编织终点做伏针收针。**组合** 将左、右衣领正面相对做盖针接合。肩部将前、后身片正面相对做盖针接合，后领与后领开口的对齐标记之间，使用毛线缝针做对齐针与行的缝合。胁、袖下使用毛线缝针做挑针缝合。使用钩针将衣袖引拔接合到身片上。

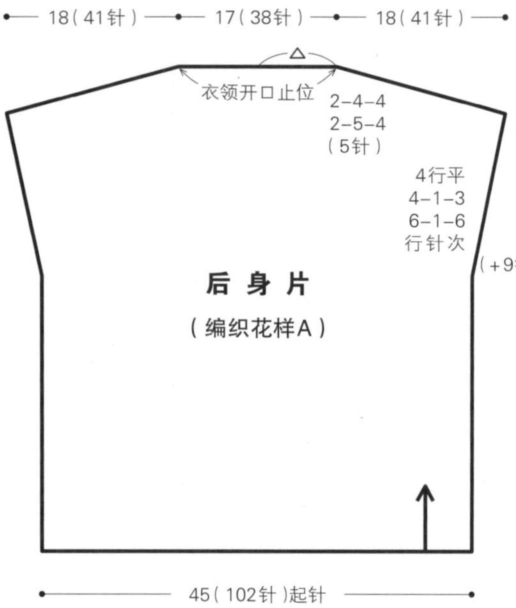

18（41针） 17（38针） 18（41针）
衣领开口止位
2-4-4
2-5-4
（5针）
4行平
4-1-3
6-1-6
行针次
（+9针）
后身片
（编织花样A）
45（102针）起针
5（16行）
17（52行）
29.5（92行）

18（41针） 14.5（51针）
卷针加针
衣领
与后身片相同
分散加针（+11针）参照图示
（+9针）
右前身片
（编织花样A）
（编织花样B）
14（32针） 11.5（39针）
25.5（71针）起针
8.5（26行）
17（52行）
34.5（108行）

34（78针）
伏针收针
（编织花样A）
8行平
8-1-4
10-1-6
18-1-1
行针次
（+11针）
38（118行）
24（56针）起针

※全部使用6号棒针编织

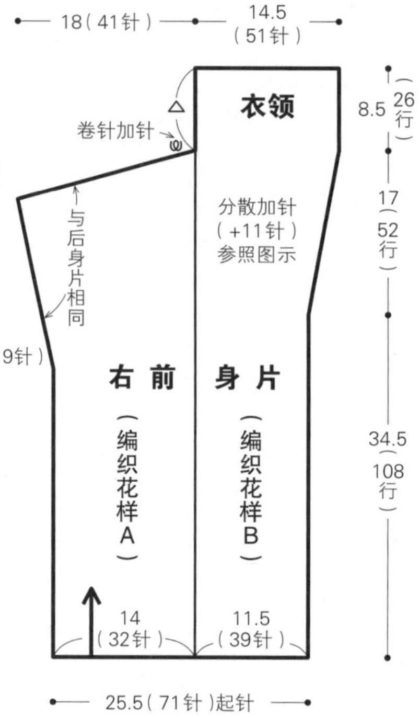

※按照右前身片对称编织左前身片

※对齐标记（△）处做对齐针与行的缝合

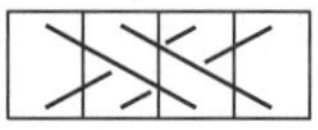

右上2针交叉

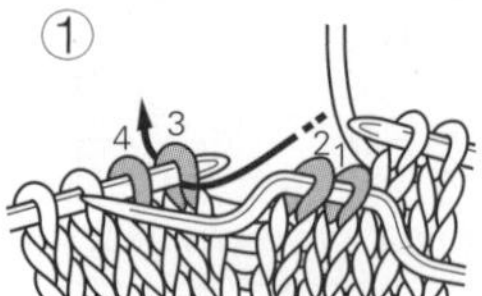

①
将针目1、2移至麻花针上。

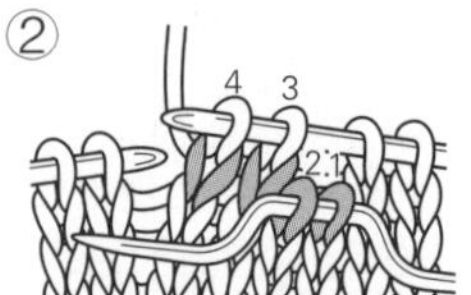

②
针目3、4编织下针。针目1编织下针。

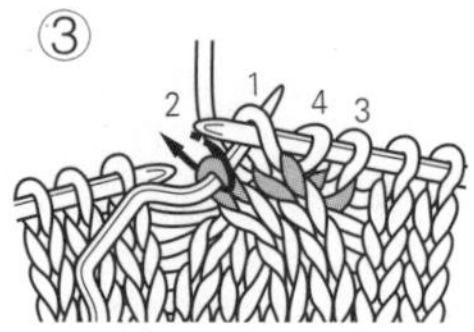

③
将右棒针插入针目2中，编织下针。

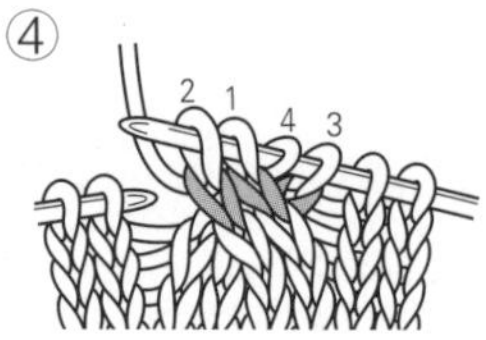

④
右上2针交叉完成。

对齐针与行的缝合

①
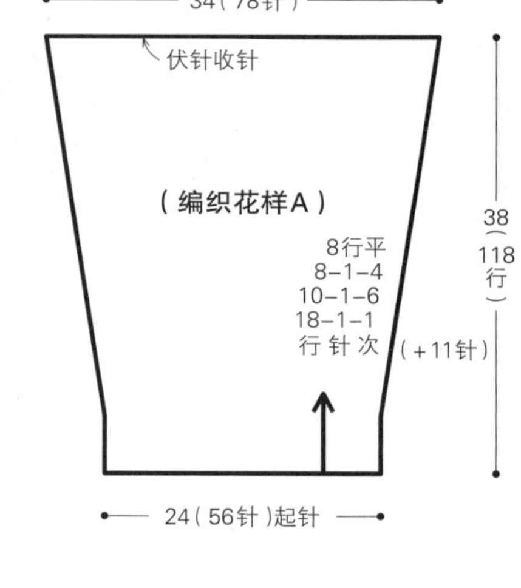

做伏针收针的一侧放在较近的位置，参照图示，将针插入行的起针和较近织片的针目中。行的部分挑取渡线。

②
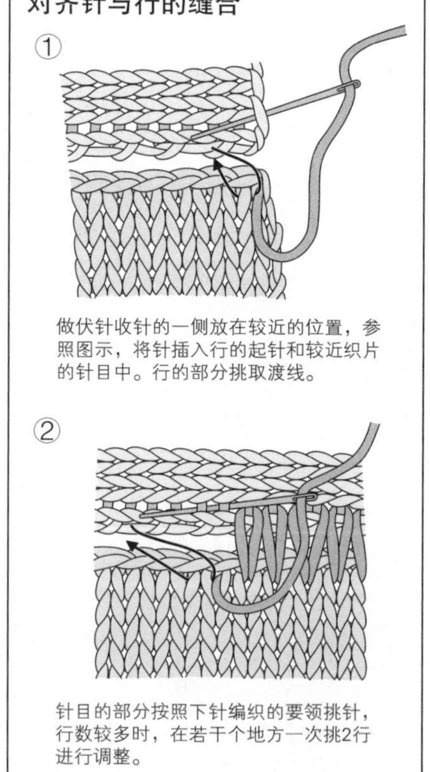

针目的部分按照下针编织的要领挑针，行数较多时，在若干个地方一次挑2行进行调整。

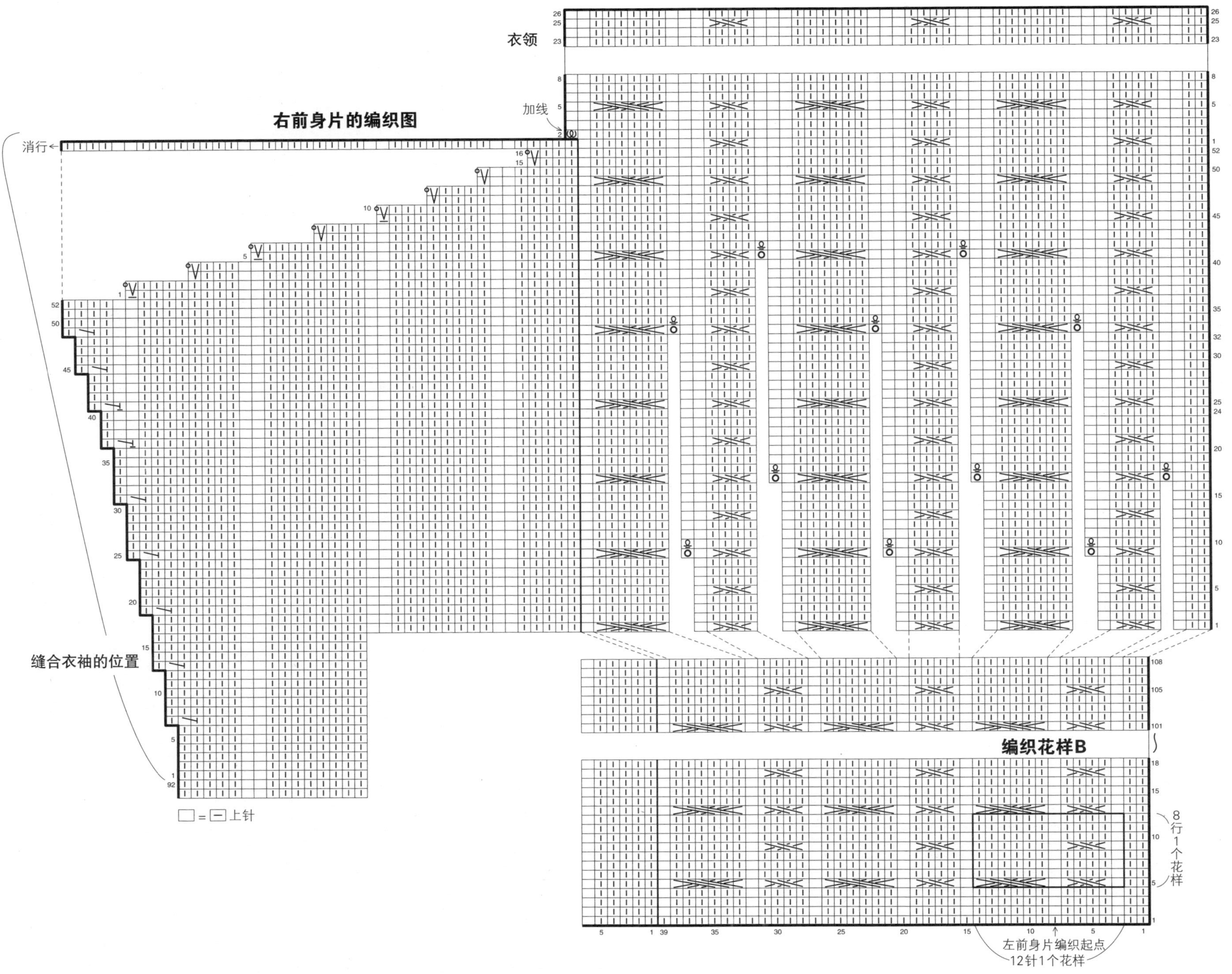
右前身片的编织图
衣领
加线
消行
缝合衣袖的位置
□=— 上针
编织花样B
8行1个花样
左前身片编织起点
12针1个花样

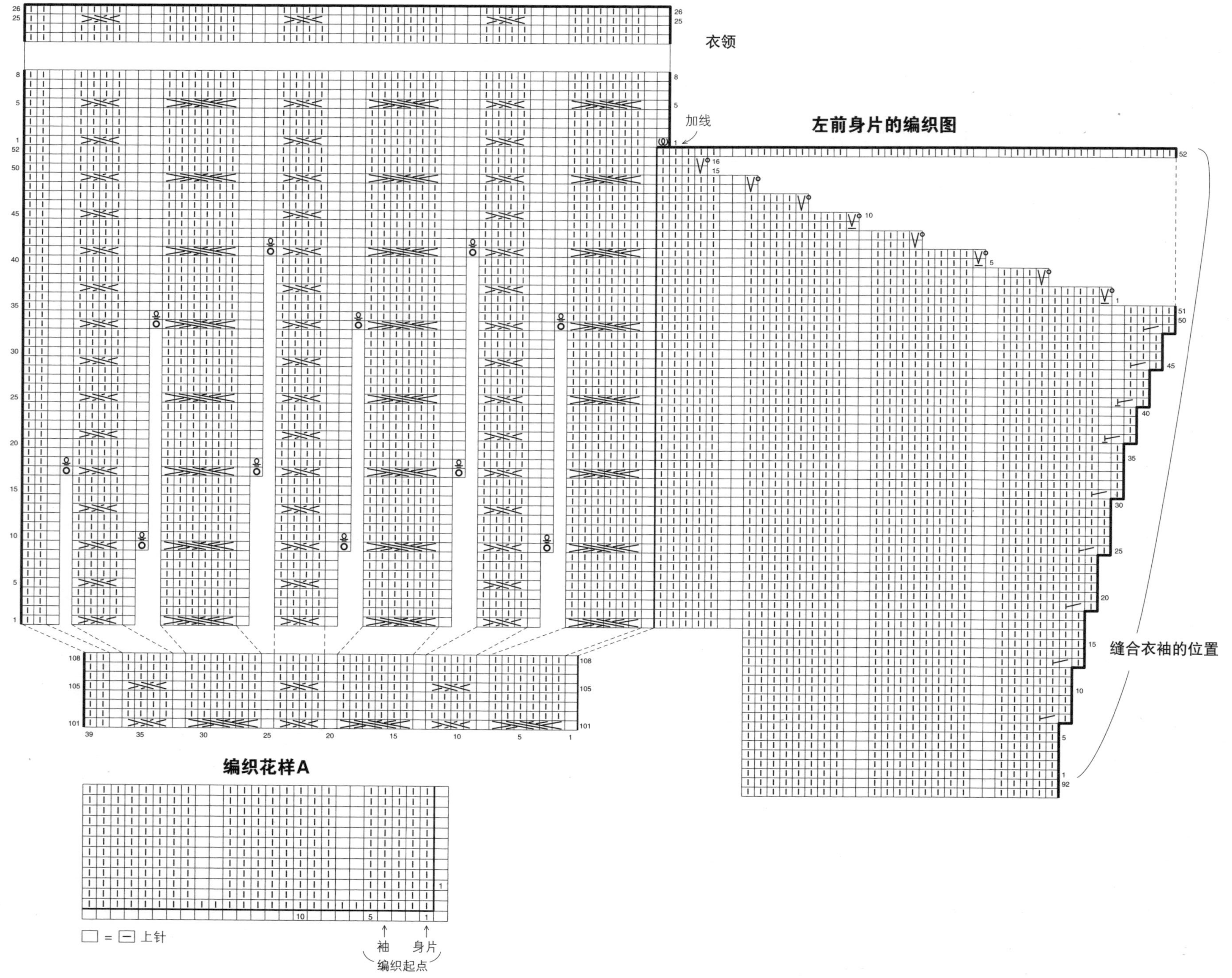
衣领
加线
左前身片的编织图
缝合衣袖的位置
编织花样A
□ = ▭ 上针
袖
身片
编织起点

12 | 17页

●**材料** Alba（粗）原色（1219）360g/9团

●**工具** 棒针6号

●**成品尺寸** 胸围92cm，肩宽32cm，衣长55cm，袖长52cm

●**编织密度** 10cm×10cm面积内：下针编织24针，31行；起伏针和编织花样A、B、C、D均24针为10cm

●**编织要点** **后身片** 手指起针，编织6行起伏针。之后参照图示组合做编织花样A、B、C、D和起伏针的编织。袖窿、领窝处做伏针减针或立起侧边1针减针编织。肩部做引返编织，休针备用。**前身片** 与后身片使用相同的方法起针，参照图示使用同样的技巧编织。**袖** 与身片使用同样的方法起针，做下针编织。袖下加针时，在1针内侧编织扭针加针，袖山做伏针减针或立起侧边1针减针编织。**组合** 肩部将前、后身片正面相对做盖针接合。肋、袖下使用毛线缝针做挑针缝合。衣领从前、后领窝上挑取针目，连接成环形，编织起伏针。编织终点做伏针收针。使用钩针将衣袖引拔接合到身片上。

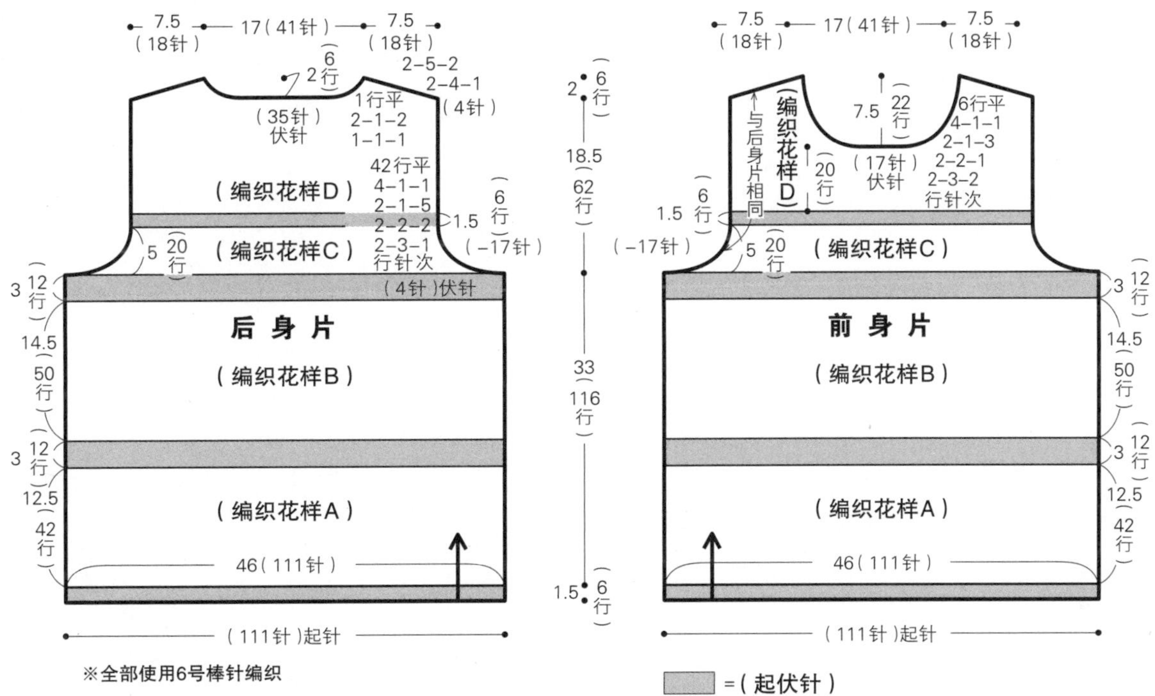

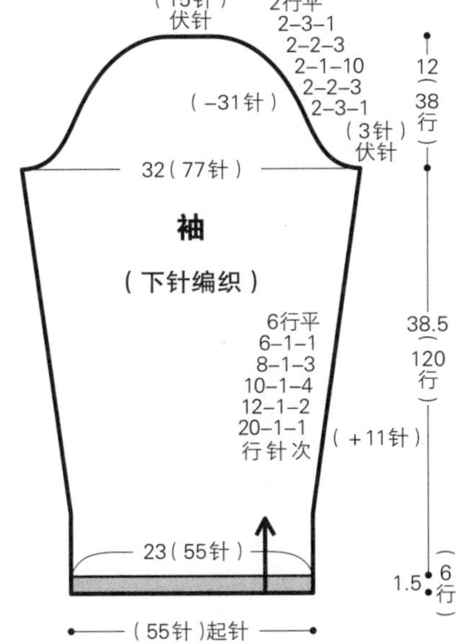

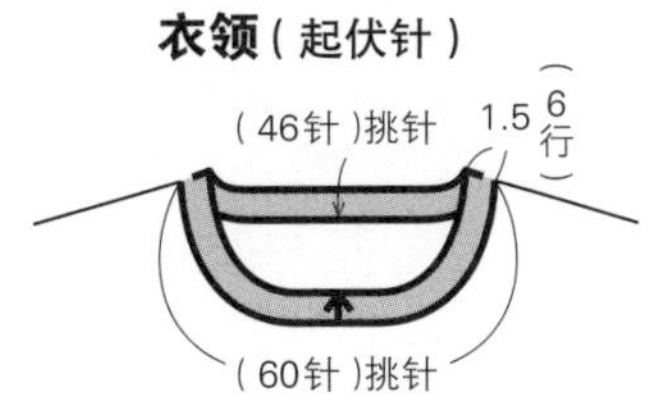

后身片的编织图

消行
中心
加线
后领窝
前领窝
编织花样D
10针、16行1个花样
□ = 〡 下针
袖窿
编织花样C
12针、20行1个花样
□ = 〡 下针
左上3针并1针
①
②
③

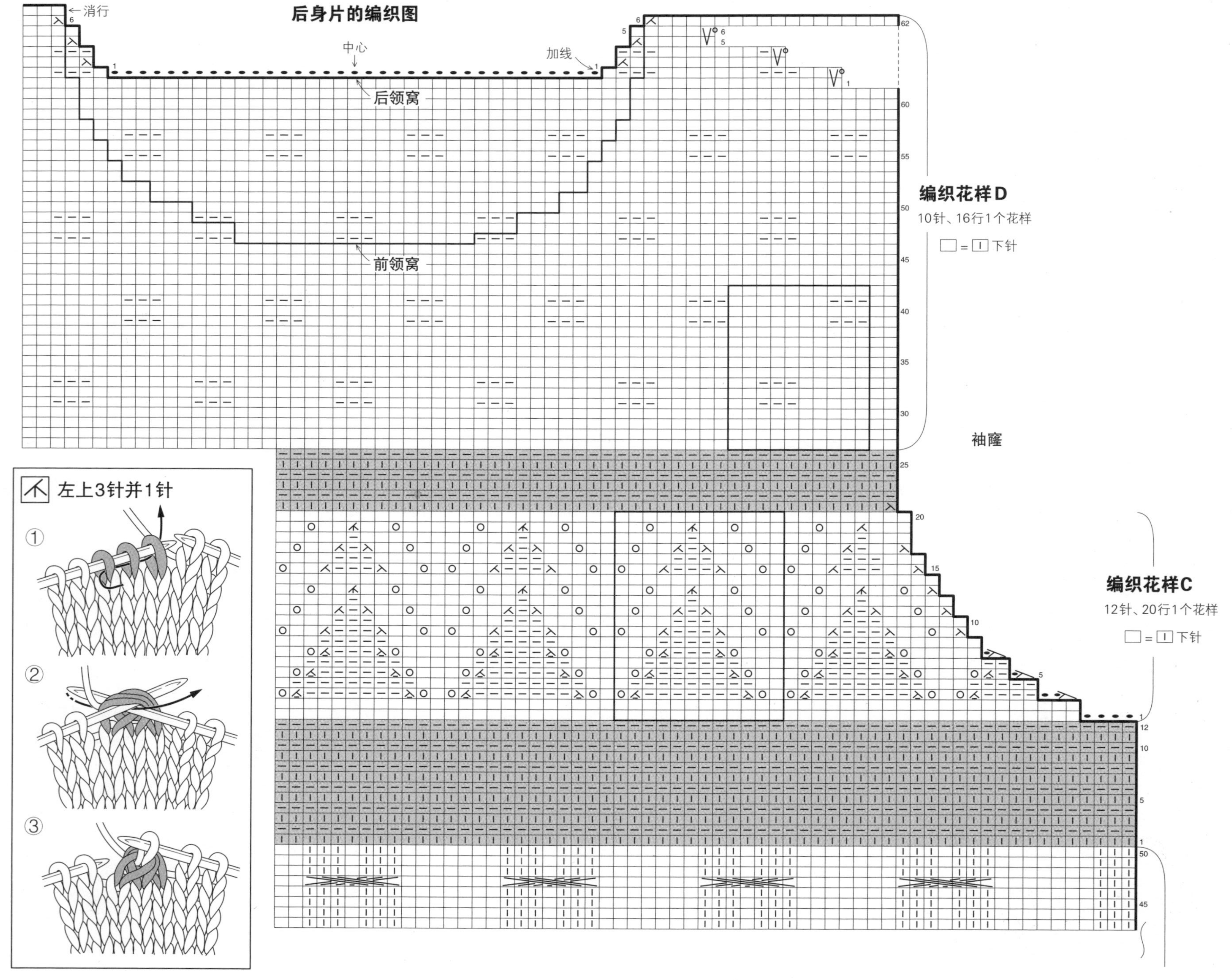

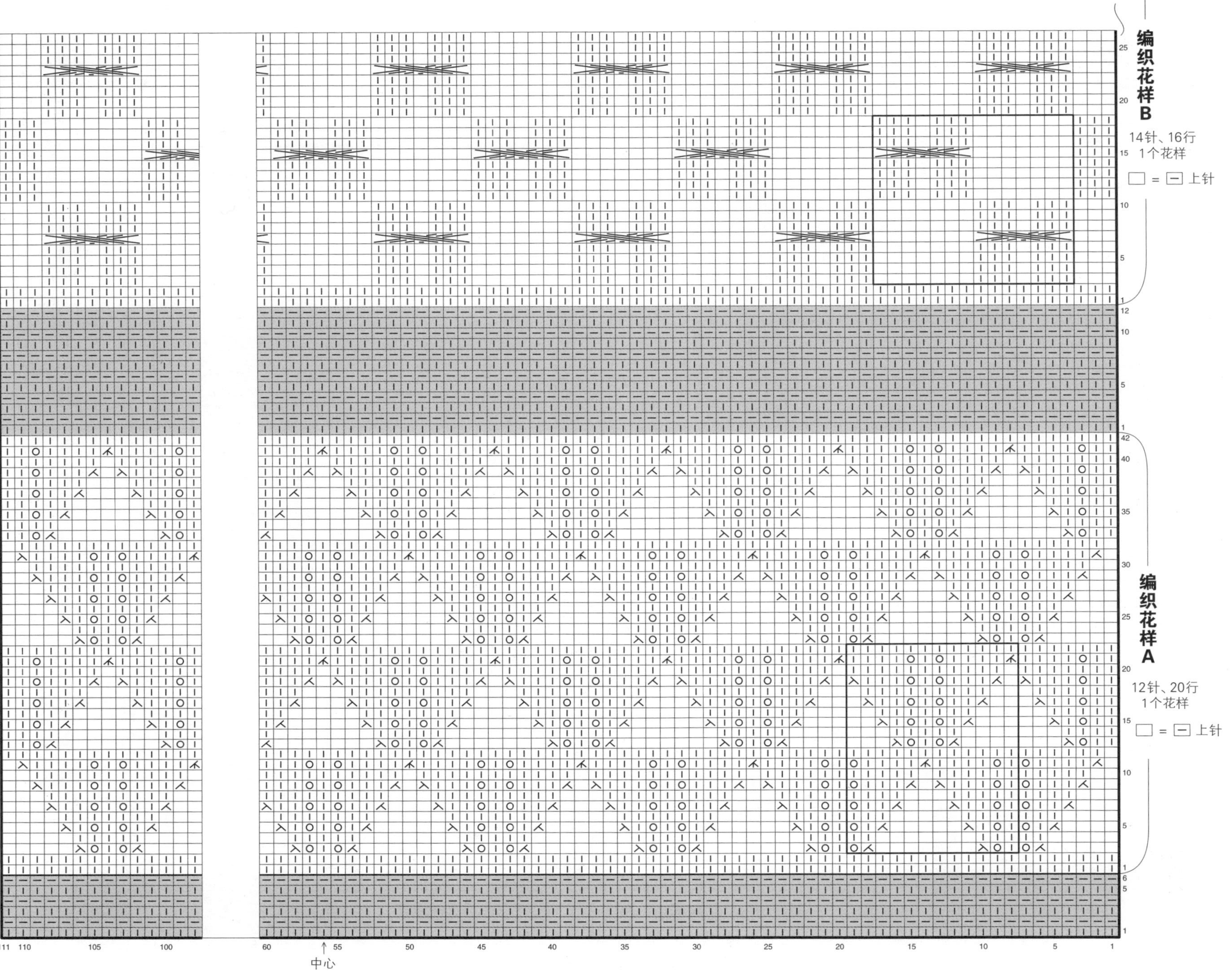
编织花样B
14针、16行
1个花样
□ = ⊟ 上针
编织花样A
12针、20行
1个花样
□ = ⊟ 上针
中心

19 | 28页

●**材料**　Lecce（中细）紫色、绿色系多色混合的段染（414）和粉色、蓝色、灰色系多色混合的段染（412）各180g/各5团；直径1.5cm的纽扣7颗

●**工具**　钩针6/0号、5/0号

●**成品尺寸**　胸围94cm，肩宽34cm，衣长55cm，袖长47cm

●**编织密度**　10cm×10cm面积内：编织花样4个花样，13.5行

●**编织要点**　**条纹花样**　将配色线渡到边上，钩织的同时向上拿。**后身片**　手指起针，钩织条纹花样。钩织第1行时，挑取锁针的半针和里山2根线。袖窿、领窝参照图1、图2钩织。**前身片**　与后身片使用相同的方法起针，参照图2、图3钩织。**袖**　与身片使用同样的方法从袖山开始起针，参照图4、图5钩织。**组合**　将前、后身片正面相对，做"1针引拔针、4针锁针"的锁针接合，胁、袖下做"1针引拔针、3针锁针"的锁针接合。衣领、前门襟参照图示钩织边缘编织，在右前门襟的指定位置钩织扣眼。使用毛线缝针，将衣袖挑针缝合到身片上。在左前门襟钉上纽扣。

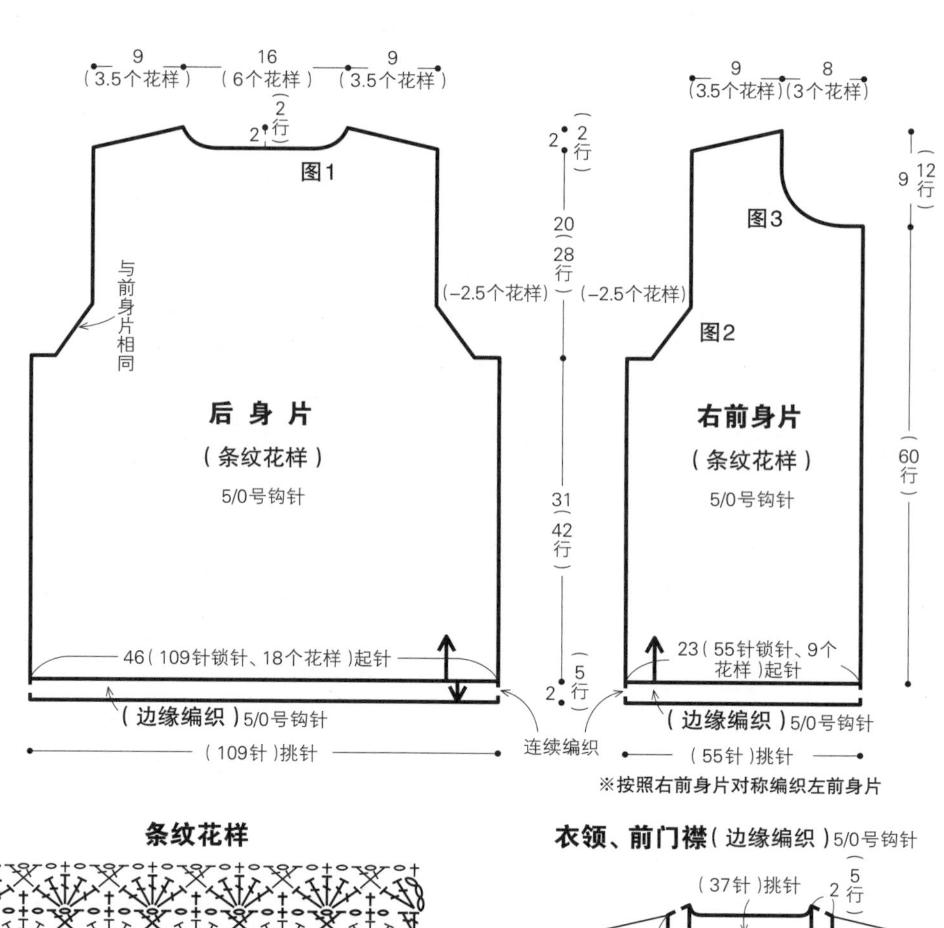

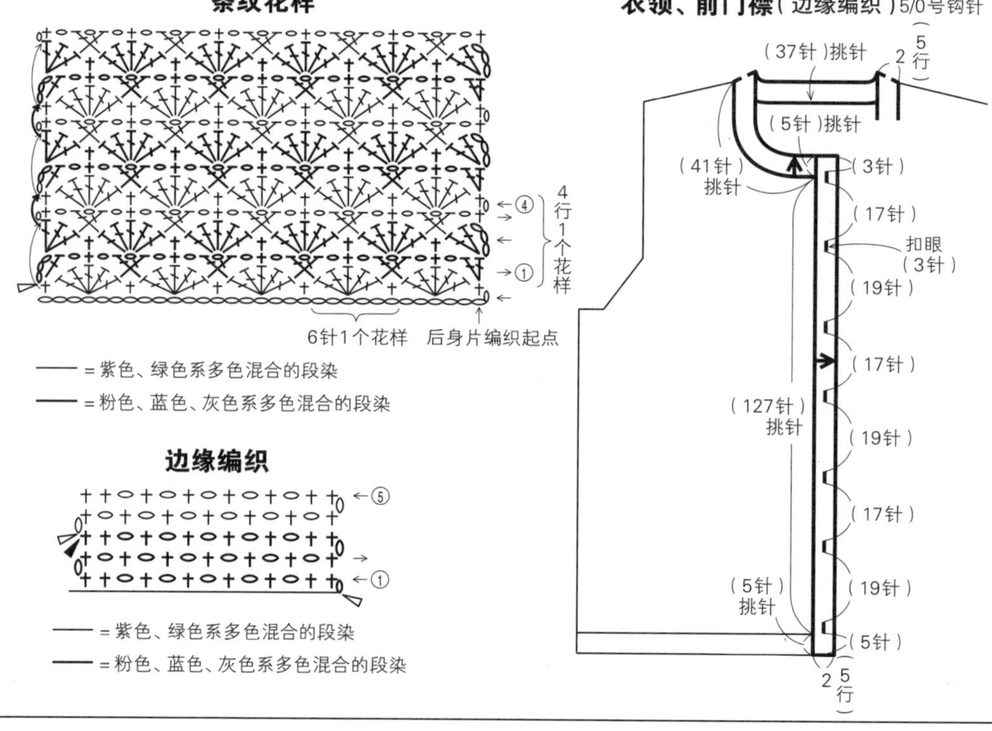

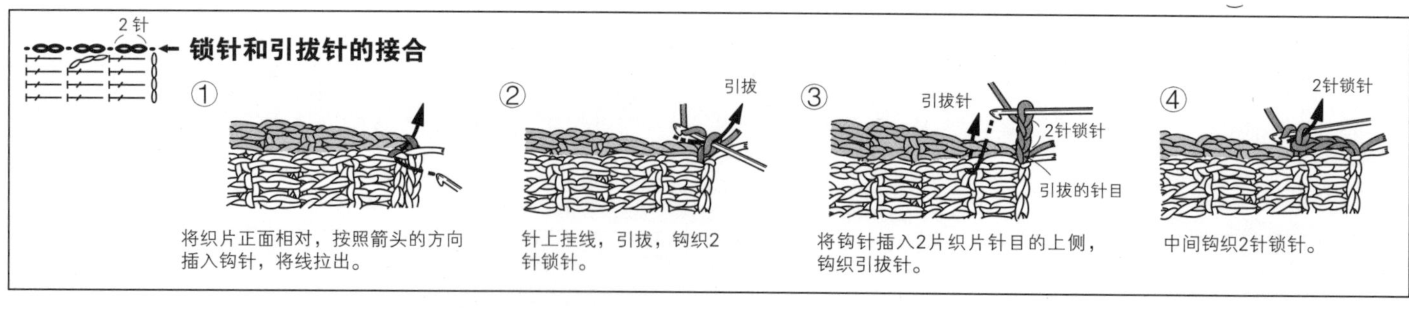

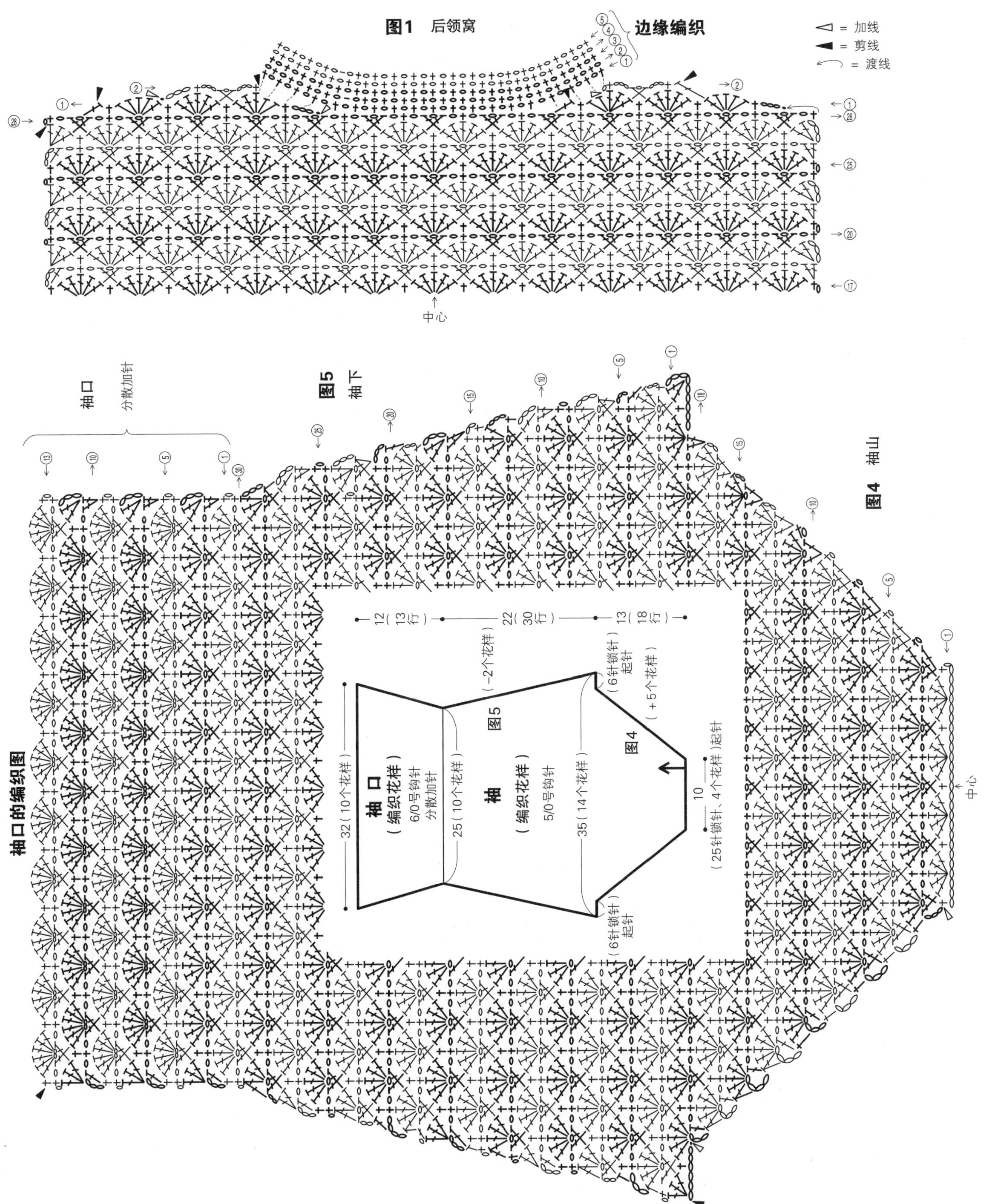
图1 后领窝
边缘编织
= 加线
= 剪线
= 渡线
中心
袖口的编织图
袖口
分散加针
图5 袖下
图4 袖山
12（13行）
22（30行）
13（18行）
（-2个花样）
（6针锁针起针
（+5个花样）
袖口
（编织花样）
6/0号钩针
分散加针
32（10个花样）
25（10个花样）
袖
（编织花样）
5/0号钩针
35（14个花样）
10
（25针锁针、4个花样）起针
（6针锁针起针

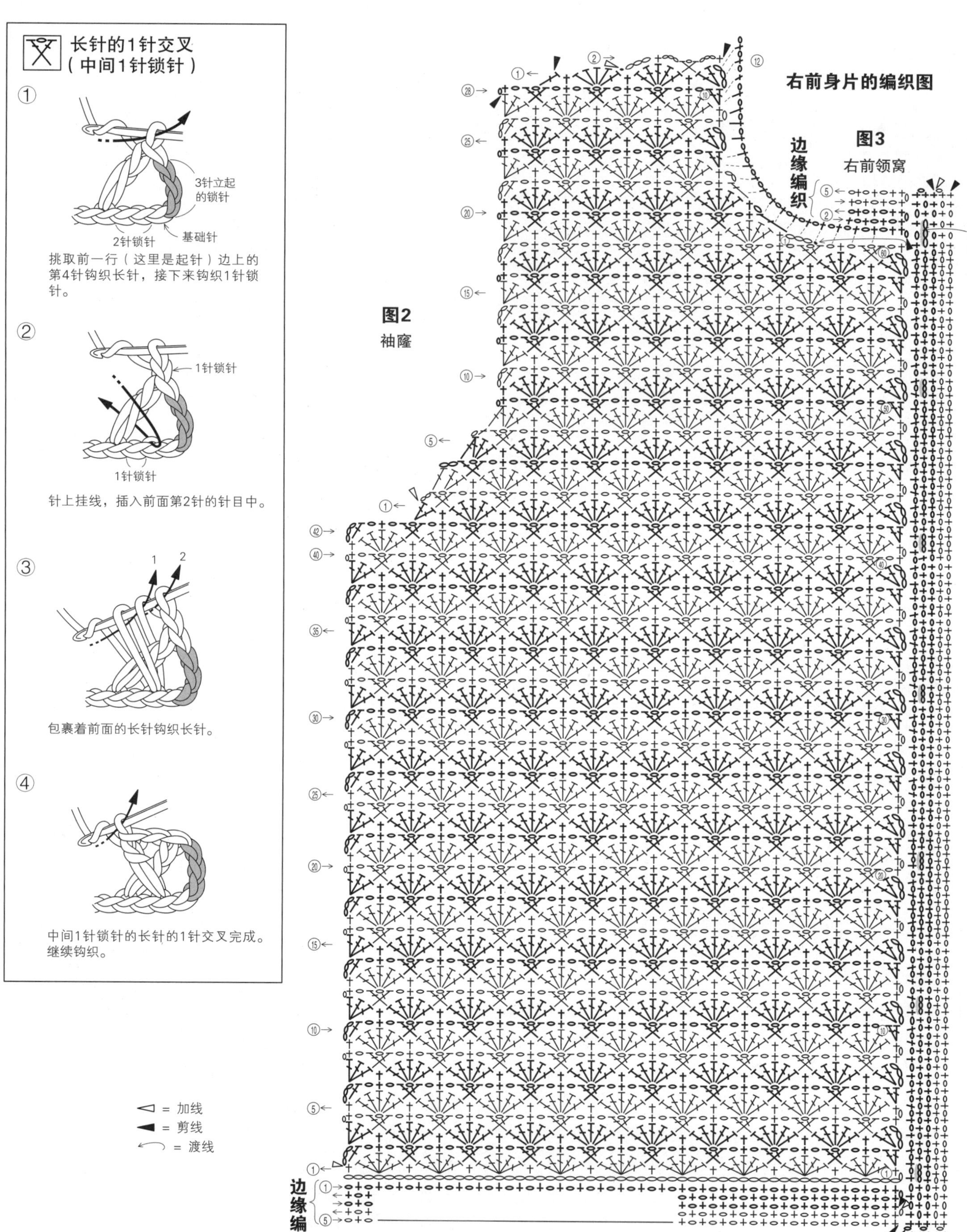
长针的1针交叉
（中间1针锁针）
①
3针立起的锁针
2针锁针
基础针
挑取前一行（这里是起针）边上的第4针钩织长针，接下来钩织1针锁针。
②
1针锁针
1针锁针
针上挂线，插入前面第2针的针目中。
③
包裹着前面的长针钩织长针。
④
中间1针锁针的长针的1针交叉完成。继续钩织。
= 加线
= 剪线
= 渡线
右前身片的编织图
图2
袖窿
图3
右前领窝
边缘编织
扣眼
边缘编织
边缘编织

左前身片的编织图
左前领窝
袖窿
◁ = 加线
◀ = 剪线
= 渡线
边缘编织
渡线
渡线
1针锁针
1针中长针
拉出
渡线
在第1行的最后，将挂在针上的线圈拉大，穿过线团后，收紧针目。
翻转织片，将线从指定的位置拉出，继续钩织。

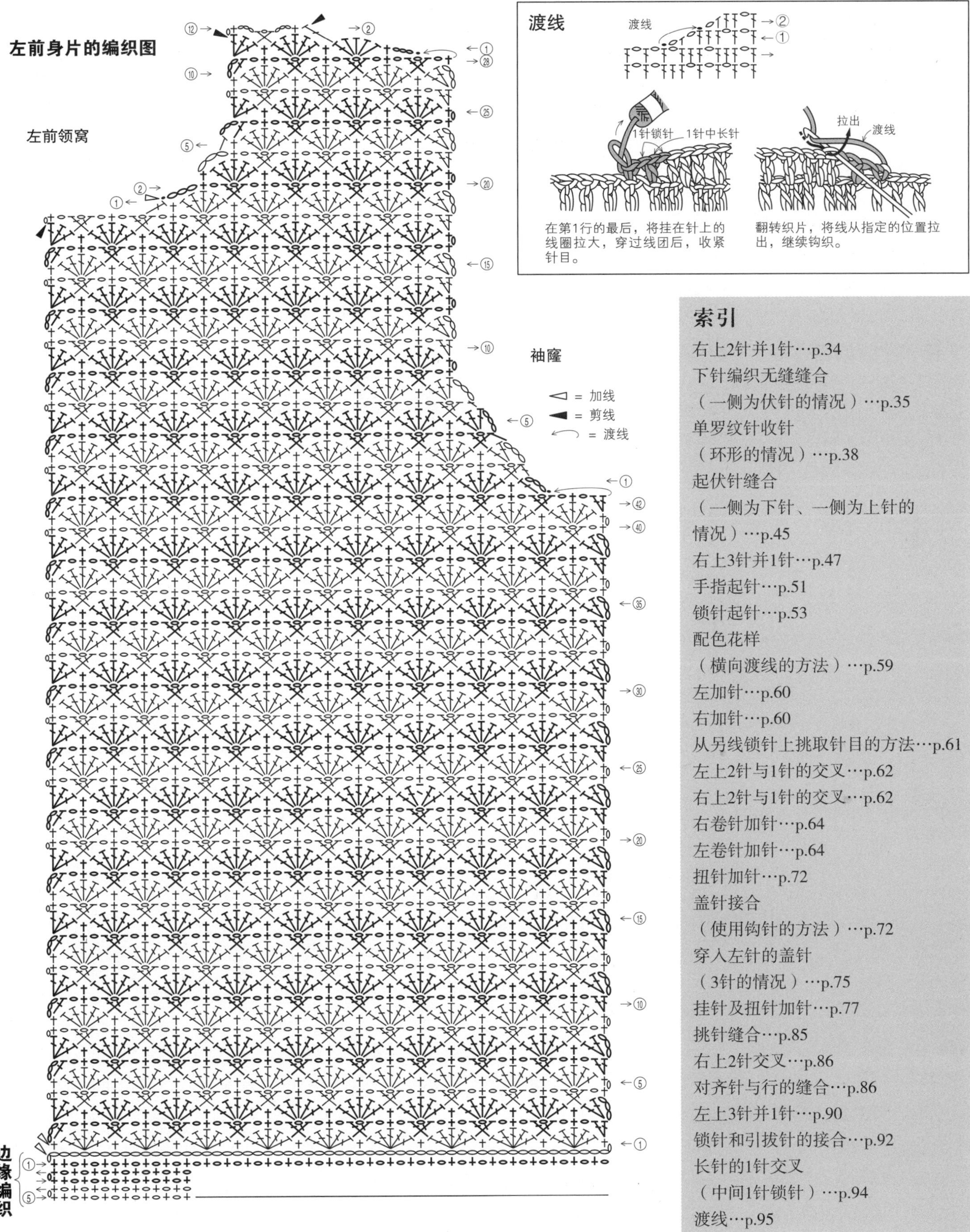

索引

图书在版编目（CIP）数据

欧洲编织. 10，温暖时尚的手编毛衣/日本宝库社编著；孙安然译. —郑州：河南科学技术出版社，2018.3（2023.5重印）

ISBN 978-7-5349-9115-8

Ⅰ.①欧… Ⅱ.①日… ②孙… Ⅲ.①毛衣—手工编织—图解 Ⅳ.①TS935.5-64 ②TS941.763-64

中国版本图书馆CIP数据核字（2018）第018429号

出版发行：河南科学技术出版社
地址：郑州市郑东新区祥盛街27号　　邮编：450016
电话：(0371) 65737028　65788613
网址：www.hnstp.cn
策划编辑：刘　欣
责任编辑：张　培
责任校对：马晓灿
封面设计：张　伟
责任印制：张艳芳
印　　刷：河南新达彩印有限公司
经　　销：全国新华书店
开　　本：889 mm × 1194 mm　1/16　印张：6　字数：150千字
版　　次：2018年3月第1版　2023年5月第3次印刷
定　　价：49.00元